国家自然科学基金 地区科学基金项目（项目批准号：51968029）
时空连续统视野下滇藏茶马古道沿线传统聚落的活化谱系研究

历史城镇保护与更新

Historic Town Preservation and Renewal

王 颖 杨大禹 主编

中国建筑工业出版社

图书在版编目（CIP）数据

历史城镇保护与更新 = Historic Town Preservation and Renewal / 王颖，杨大禹主编．—北京：中国建筑工业出版社，2022.9（2023.12 重印）
ISBN 978-7-112-27795-7

Ⅰ．①历… Ⅱ．①王… ②杨… Ⅲ．①旧城保护—教材 Ⅳ．①TU984.11

中国版本图书馆 CIP 数据核字（2022）第 154213 号

责任编辑：徐昌强 李 东 陈夕涛
责任校对：赵 菲

历史城镇保护与更新
Historic Town Preservation and Renewal
王 颖 杨大禹 主编

*

中国建筑工业出版社出版、发行（北京海淀三里河路 9 号）
各地新华书店、建筑书店经销
华之逸品书装设计制版
北京中科印刷有限公司印刷

*

开本：787 毫米×960 毫米 1/16 印张：16¼ 字数：224 千字
2022 年 10 月第一版 2023 年 12 月第二次印刷
定价：**78.00** 元

ISBN 978-7-112-27795-7
（39944）

编 委 会

主　　编： 王　颖　杨大禹

编写人员：（按姓氏拼音为序）

程海帆　胡　荣　王　贺　王　连

王　颖　徐婷婷　周绍文

前言

Preface

《历史城镇保护与更新》是城乡规划类专业著作。本作品在阐述国内外历史城镇保护的基础性理论的基础上，拟综合分析近年来云南乃至中国西南部地区典型历史城镇保护与更新的实施状况与所存在的问题，分别以历史城镇的社会网络、经济效益、物质遗产三个方面内容为分析视角，对近年来国内历史城镇采用的各种保护与更新模式进行分析，引导读者深度认知国内历史城镇的保护与发展的相关知识；同时系统、全面介绍和阐述编制历史城镇保护相关的规划及管理知识；在此基础上，增加了多年来取得的云南典型历史城镇调查测绘成果，因而在内容上显得较为丰富饱满。

本书以国内外历史城镇保护的相关理论为基础，以云南省乃至中国西南地区历史城镇保护与更新的状态评价为阐述逻辑主线，以国内历史城镇保护规划的编制和实施状况为内容主体，以云南典型历史城镇多年的测绘成果为评价补充，并引入城市社会学和经济学等交叉学科，构筑层次分明的逻辑结构和内容体系。

本书在编写过程中，力争实现以下目的：

(1) 建立历史城镇保护与更新的基本理论框架；

（2）掌握国内外历史城镇保护与更新的基本理论知识；

（3）熟悉历史城镇保护规划的编制要点和内容；

（4）通晓历史城镇保护与更新的管理知识；

（5）对历史城镇保护与更新的状态进行深度认知与思考。

本书为昆明理工大学的特色精品教材系列，我们希望通过本书的编写出版，与国内同行共同探讨，为我国历史城镇保护与更新事业尽绵薄之力。

目录

Contents

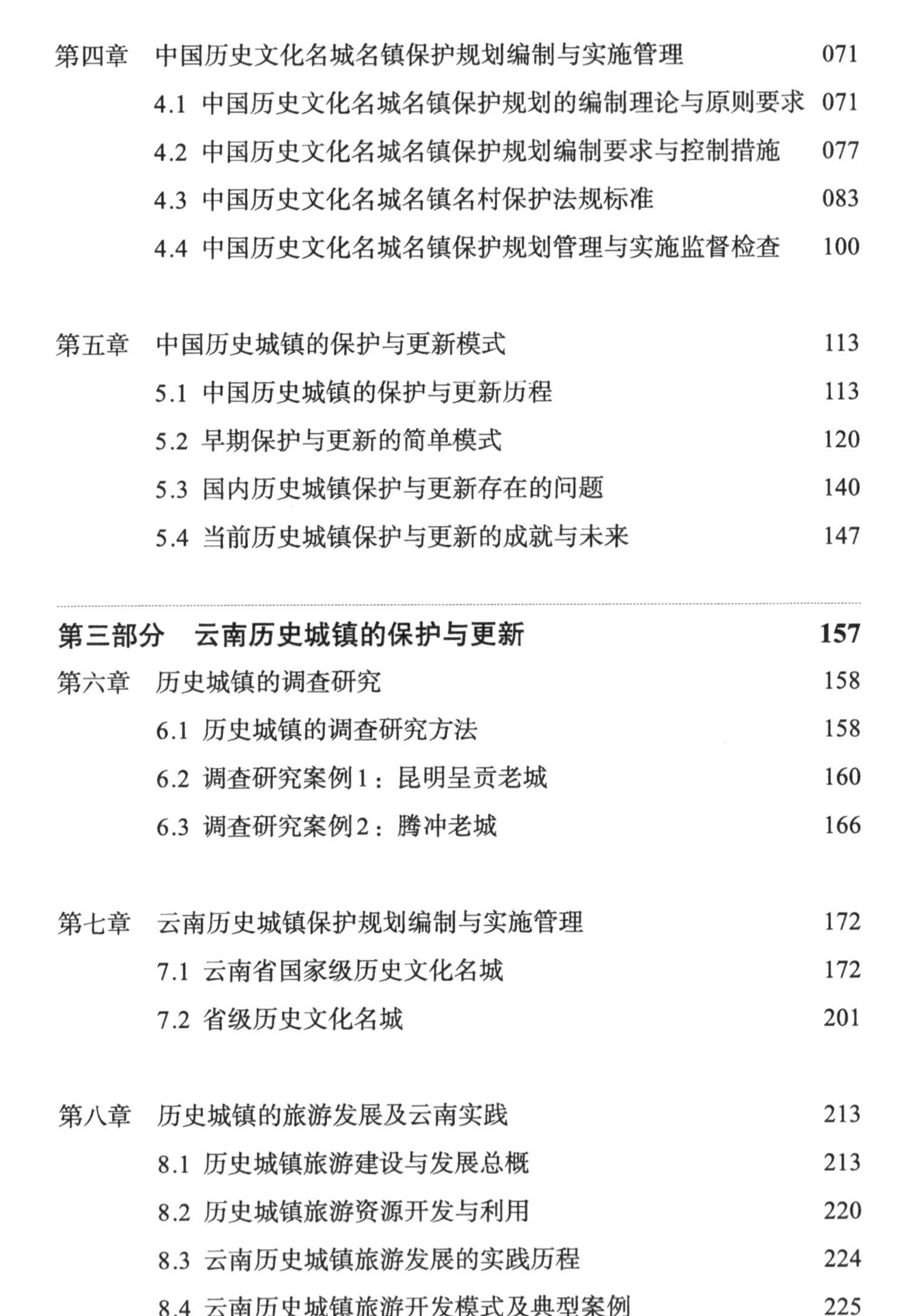

第一部分

国内外历史城镇保护与更新理论沿革

第一章
国外历史城镇文化遗产保护的理论沿革与实践启示

本章内容重点：国外历史城镇保护基本理论沿革及实践经验总结。

本章教学要求：理解和掌握国外历史城镇保护的几大主要宪章及其内容，了解国外历史城镇保护与更新的实践经验和相关启示。

1.1 国际历史文化遗产保护的宪章及保护共识

历史文化是城市的灵魂，历史城镇是世界人民的共同财富。当代历史城镇保护思想萌芽于19世纪，20世纪初发布的两个宪章——《雅典宪章》和《威尼斯宪章》标志着历史性纪念物保护方法的确立和历史环境保护思想的萌芽，奠定了文化遗产保护的基础原则——原真性和完整性。第二次世界大战以来，众多国际组织从不同的角度提出了保护文化遗产的理论、概念与方法，形成了一系列重要的历史文化遗产保护国际文献。国际文献按照其权威性和重要程度，可分为宪章（Charter）、公约（Convention）、建议（Resolution）和宣言（Declaration）四个等级。国际文献的内容反映出当时学术界、建设实践、政府管理对历史城镇保护的认识水平。对于同一问题，同一国际组织往往会有一系列的文献发表，后出的文献会对前出的文献有所评价和总结，保护理念随实践水平提高而逐步提高。

1.1.1 文化遗产保护的国际组织

与文化遗产保护相关的国际机构与组织，可分为六类：

（1）UNESCO和ICCROM等相关类型的政府间公共组织机构

联合国教育、科学及文化组织（United Nations Educational，Scientific and Cultural Organization，UNESCO）是联合国（UN）专门机构之一，简称联合国教科文组织（UNESCO）。该组织于1946年成立，总部设在法国巴黎。其宗旨是促进教育、科学及文化方面的国际合作，以利于各国人民之间的相互了解，维护世界和平。

国际文化财产保护与修复研究中心（International Centre for the Study of the Preservation and Restoration of Cultural Property，ICCROM）成立于1959年，通过教育培训、信息交流、调查研究、技术合作以及舆论宣传等方式致力于文化遗产的保护工作，作为咨询机构，向世界遗产委员会提供技术性建议。

（2）ICOMOS、TICCIH、IUCN等专家组成的专业型非政府组织

国际古迹遗址理事会（International Council on Monuments and Sites，ICOMOS）1965年在波兰华沙成立，是世界遗产委员会的专业咨询机构。它由世界各国文化遗产专业人士组成，是古迹遗址保护和修复领域唯一的国际非政府组织，在审定世界各国提名的世界文化遗产申报名单方面起着重要作用。我国于1993年加入ICOMOS，成立了国际古迹遗址理事会中国委员会（ICOMOS China），即中国古迹遗址保护协会。

国际产业遗产保护委员会（The International Committee for the Conservation of the Industrial Heritage，TICCIH）1978年在瑞典斯德哥尔摩成立，由产业遗产领域的各类专家组成，UNESCO世界遗产委员会的咨询机构之一。

世界自然保护联盟（International Union for Conservation of Nature and Natural Resources，IUCN），是一个专职于世界自然环境保护的国际组织。该联盟于1948年在瑞士格兰德（Gland）成立，总部在日内瓦，由全球81

个国家、120个政府组织、超过800个非政府组织、10000名专家及科学家组成，共有181个成员国。

现代主义运动记录与保护国际组织（Document and Conservation of Buildings，Sites and Neighborhoods of the Modern Movement，DOCOMOMO）是1988年由一些建筑师发起的非营利保护组织。2002年，组织的国际秘书处迁至巴黎。在过去的几十年里，历史纪念物受到重视并得到保护，但现代建筑遗产却遭受着超过以往任何时代的危险。许多现代建筑被毁坏，或者因为无法得到承认而被改变。DOCOMOMO便在此背景下成立，它的使命在于促使与建成环境有关的公众、当局、专业人士以及教育团体，充分认识到现代运动的重要意义；鉴别、确定并创设现代运动作品的记录档案，包括文件记录、草图、照片等文档资料；鼓励开发合适的保护技术与方法，并通过专业性工作加以推广普及；反对拆除和破坏有意义的现代建筑作品等。

（3）WHC以及OWHC等城市间合作机构

联合国教科文组织世界遗产委员会（World Heritage Committee，WHC）是在联合国教科文组织内建立的文化遗产和自然遗产保护委员会，即世界遗产委员会。世界遗产委员会成立于1976年11月，由21名成员组成，负责《保护世界文化和自然遗产公约》的实施。

委员会每年召开一次会议，主要决定哪些遗产可以录入《世界遗产名录》，对已列入名录的世界遗产的保护工作进行监督指导。

世界遗产城市联盟（Organization of World Heritage Cities，OWHC）是联合国教科文组织的一个下属组织机构，是一个非盈利性、非政府的国际组织，于1993年9月8日在摩洛哥的非斯成立，总部设在加拿大的魁北克市。该组织的宗旨是负责沟通和执行世界遗产委员会会议的各项公约和决议，借鉴各遗产城市在文化遗产保护和管理方面的先进经验，进一步促进各遗产城市的保护工作。

（4）国际区域性政府合作组织

如欧洲联盟、南亚区域合作联盟、美洲国家组织等，为历史文化遗产的国家间合作提供政府层面的合作平台。

（5）志愿者团体

主要指志愿者组织之类的遗产保护方面的义务性、非营利性国际团体。

（6）民间非营利组织

主要是为文化遗产保护相关调查研究或其他保护活动提供资金援助和技术等支持的民间非营利组织。

1.1.2 国际“条约”的形成与作用

国际社会通过签订“条约”的方式共同保护世界文化遗产。目前，国际法关于“条约”的名称还没有统一的标准，一般根据其内容、性质和重要性及缔结方式等采取不同的名称，包括公约、宪章、宣言、文件、决议、原则、建议、备忘录等。由于各个国家都拥有独立主权，国际上并没有超越国家之上的国际立法机关来制定国际条约，所以条约大都是国家、组织之间在平等的基础上，以协议的方式缔结。

公约是最具约束力的条约。通常指国际间针对政治、经济、文化、技术等重大国际问题而举行国际会议，最后缔结的多方面的条约，公约通常为开放性的，非缔约国可以在公约生效前或生效后的任何时候加入。

宪章是指国家间关于某一重要国际组织的基本文件，是对专项的问题进行阐述，制定方针策略。较公约而言，宪章的制约范围和力度相对有限，而专业指导性和指向性很强。宪章一般规定该国际组织的宗旨、原则、组织机构、职权范围、议事程序以及成员国的权利义务等。

宣言一般指国家、政府、团体或其领导人为说明自己的政治纲领、政治主张，或对重大的政治问题表明基本立场和态度而发表的文件，一般通过国际会议发表，阐述会议所达成的一致共识和提倡的相应理念。与宪章相比，宣言的激情色彩更浓一些，目的大都是为了唤起社会的响

应和重视。

宪章、宣言、文件、决议、原则、建议、备忘录等的约束力虽然不及公约，却是得到广泛认同的国际准则，其中部分文件还直接促成了公约的形成。

公约是最有约束力的多边条约，公约的形成是多方利益博弈、多方协商后才缔结的成果，是人类在某个特定阶段、对某个特定领域的普遍共识。除UNESCO组织缔结的世界公约外，还有欧洲理事会、美洲国家组织等通过的若干区域性公约（表1-1）。

文化遗产保护公约一览表　　表1-1

名称	通过时间	通过机构
罗伊里奇协定	1935	—
海牙公约	1954（1999修订）	UNESCO
欧洲文化公约	1954	欧洲理事会
保护考古遗产的欧洲公约	1969（1992修订）	欧洲理事会
圣萨尔瓦多公约	1976	美洲国家组织
世界遗产公约	1972	UNESCO
有关文化财产犯罪的欧洲公约	1985	欧洲理事会
欧洲建筑遗产保护公约	1985	欧洲理事会
战时和危机情况下文化遗产保护公约	1996	北大西洋公约组织
欧洲风景公约	2000	欧洲理事会
保护水下文化遗产公约	2001	UNESCO
保护无形文化遗产公约	2003	UNESCO
保护和促进文化表达形式多样性公约	2005	UNESCO

资料来源：作者整理

美洲国家在1935年4月15日通过的《罗伊里奇协定》是第一份关于文化遗产保护的多边条约。此份公约由美国的罗伊里奇博物馆发起，条约的目的是确定一面共同的旗帜作为标志，来保护任何处境危险的、国家的和私人所有的不可移动纪念物。制定这份条约的原因是文化遗产在战时遭到破坏，需要一个多边缔结的协议，来保护一些珍贵的文化遗产。

20世纪初，两次世界大战相继爆发，在武装冲突情况下保护文化遗产成为各个国家共同面临的问题。1939年，国际博物馆办事处就曾在国际联盟的授权下，研究国际武装冲突背景下的文化遗产保护问题。1954年，UNESCO主持的关于保护武装冲突下文化遗产的大会在荷兰海牙召开，39个国家在会议上签署了《武装冲突下文化财产保护公约》(海牙公约)。《海牙公约》是重要文化财产的保护伞，1999年，UNESCO通过了《海牙公约》的第二项议定书。

第二次世界大战结束之后，现代化进程给人类的居住环境和文化遗存带来了巨大的压力和破坏，《世界遗产公约》正式将自然遗产和文化遗产一起作为具有普遍价值的遗产加以保护；并强调"缔约国本国领土内的文化和自然遗产的确认、保护、保存、展出和移交给后代，主要是该国的责任"。公约通过之后，世界各国在保护立法、财政、技术和行政方面都采取了相应的措施，并得到了UNESCO的大力支持和鼓励。《世界遗产公约》是最具深远意义的文化遗产保护公约，自1975年生效以来，在保护文化遗产和自然遗产方面，受到世界各国政府和公众的普遍关注。之后，UNESCO还通过了《保护水下文化遗产公约》《保护无形文化遗产公约》等。

1972年11月，UNESCO通过了《世界遗产公约》与《关于在国家一级保护文化和自然遗产的建议》。《世界遗产公约》主要规定文化和自然遗产的国家保护和国际保护措施等条款，确立了国际遗产保护制度；《关于在国家一级保护文化和自然遗产的建议》则主要从立法行政管理、科学技术措施、教育行动和国际合作等方面提出国家作为保护主体，在文化和自然遗产保护方面可以采取的措施。

除国际公约外，欧洲理事会、美洲国家组织等区域组织也通过了一些区域性公约，如《欧洲建筑遗产保护公约》《欧洲风景公约》《圣萨尔瓦多公约》等。这些公约虽然只在一定区域范围内存在约束力，但其所传递的思想对国际文化遗产保护具有积极意义。2000年，欧洲理事会通过的《欧洲风景公约》指出，应保护景观通过自然特征或人类活动所体现出的遗产价值，并从可持续发展的视角，引导景观在社会、经济和生态的影响下和谐地变化。这种从更广阔视野看待人类生存环境的思想，具有十分积极的意义。

1.1.3 国际古迹遗址理事会（ICOMOS）的主要国际宪章与宣言

国际古迹遗址理事会的前身是历史古迹建筑师及技师国际会议。《威尼斯宪章》通过后的第二年，国际古迹遗址理事会（ICOMOS）成立。ICOMOS将《威尼斯宪章》作为自己的纲领性文件，通过了大量的文化遗产保护宪章和宣言，这些文件进一步强调了《威尼斯宪章》中所提出的原则，形成了一套完整的、系统性的文化遗产保护体系（表1-2）。

ICOMOS颁布的建议和宣言一览表　　表1-2

类别	时间	名称
宪章	1964	保护文物建筑及历史地段的国际宪章（威尼斯宪章）
	1982	历史园林与景观（佛罗伦萨宪章）
	1987	保护历史城镇与街区宪章（华盛顿宪章）
	1990	考古遗址的保护与管理宪章
	1996	水下文化遗产的保护与管理宪章
	1999	国际古迹遗址理事会国际文化旅游宪章
	1999	历史木结构建筑保护原则
	1999	乡土建筑遗产宪章
	2003	国际古迹遗址理事会宪章：建筑遗产结构的分析，保护和修复原则
	2003	国际古迹遗址理事会宪章：壁画保存和保护原则
	2004	关于文化遗址纪念地说明的宪章
	2008	文化路线宪章
	2008	文化遗产解释和介绍章程
	2011	工业遗产地、建筑物、区域和景观保护联合原则（都柏林原则）
	2011	瓦莱塔历史名城和城市综合体保护和管理原则
	2017	关于农村景观作为遗产的原则
	2017	关于历史城市公园的文件
	2017	塞拉莱公众开放考古遗址管理指南
	2017	木结构遗产保护原则

续表

类别	时间	名称
宪章	2021	防御工事和军事遗产指南
	2022	国际古迹遗址理事会国际文化遗产旅游宪章
决议和宣言	1967	基多标准
	1972	关于在古建筑群中引入现代建筑的布达佩斯决议
	1975	关于保护历史性小城镇的决议
	1982	关于振兴小聚落的特拉斯卡拉宣言
	1982	“重建被战争摧毁的纪念碑”的声明（德累斯顿宣言）
	1983	罗马宣言
	1993	关于古建筑、建筑群、古迹保护教育与培训的指南
	1993	新西兰具有文化遗产价值地场所地保护宪章
	1994	关于原真性的奈良文件
	1996	关于遗址、建筑群、纪念物记录的原则
	1996	美洲国家间文化遗产保护原真性宣言（圣安东尼奥宣言）
	1998	斯德哥尔摩宣言
	1999	关于木结构建筑物保护的原则
	2000	关于风景保护的牛津宣言
	2000	中国文物古迹保护准则
	2001	澳大利亚乡土文化遗产地声明
	2004	遗产景观地纳基托什宣言
	2005	《保护文物建筑、遗址和周边环境的西安宣言》
	2008	魁北克关于维护地方精神的宣言
	2010	利马文化遗产灾害风险管理宣言
	2011	遗产作为发展引擎的巴黎宣言
	2014	佛罗伦萨宣言
	2017	德里遗产与民主宣言
	2018	纪念《世界人权宣言》70周年的布宜诺斯艾利斯宣言
其他国际标准	1931	雅典历史遗迹修复宪章
	1975	阿姆斯特丹宣言
	1975	欧洲建筑遗产宪章

资料来源：根据ICOMOS官网信息与张松《文化遗产的完整性与整体性保护方法——遗产保护国际宪章的经验和启示》整理

1.1.3.1 雅典宪章

1931年，第一届历史纪念物建筑师及技师国际会议在雅典召开，会议通过《关于历史性纪念物修复的雅典宪章》，又称“修复宪章”。会议总的倾向是避免重建、赞成历史纪念物的真实状态。《雅典宪章》标志着文化遗产保护概念一个新阶段的开始——放弃风格修复、保护历史纪念物和艺术品所包含的真实信息、为谦恭的修复行为提供指导，这为后面《威尼斯宪章》奠定了基础。

1.1.3.2 威尼斯宪章

1964年5月，第二次历史性纪念物建筑师及技师国际会议由意大利政府主持，在威尼斯召开，共有来自全世界61个国家和UNESCO、欧洲理事会、ICCROM、ICOM等组织的500多名代表参加了此次会议，会上主要讨论纪念物的保护与修复。这次会议最终形成了具有里程碑意义的《威尼斯宪章》，它被翻译为多种语言，为很多国家保护法律所参照；参与起草《威尼斯宪章》的ICCROM也将文件作为自身实践的标准。

《雅典宪章》和《威尼斯宪章》的诞生，反映出西方国家早期对人类创造的历史古迹价值的正确认识和科学保护理念。宪章指出：世世代代人民遗留的古代遗迹是人类的共同遗产。为后代保护好这些遗产，“将它们真实地、完整地传下去是我们的职责”。宪章对全世界范围内的“古代建筑的保护与修复”提出了若干指导原则并做出规定，要求“各国在各自的文化和传统范畴内负责实施这一规划”。

《威尼斯宪章》分六个部分，共计十六条。

第一部分“定义”，明确了历史古迹的范畴不仅包括单个建筑，而且包括它赖以存在的环境；不仅包括伟大的艺术作品，而且包括民间朴实的艺术品。同时强调对古迹保护与修缮应当采取对研究和保护有利的一切科学技术。

第二部分“宗旨”，指出保护与修复古迹的目的旨在“把它们既作为历史见证，又作为艺术品”予以保护。

第三部分“保护”，共五条。第一条强调了“日常维护的至关重要性”。第二条指出对历史古迹的合理使用有利于古迹的保护，强调这种使用“决不能改变建筑的布局或装饰”。第三条谈了古迹的保护包含对一定规模环境的保护以及对在保护区域内拆改建设的限制。第四条规定，除非出于保护古迹的需要或因国家、国际极为重要的利益需要，不得随意对古迹进行搬迁。第五条规定对构成古迹的雕塑、绘画或装饰品只有在非移动而不能确保其保存的情况下才准许进行移动。

第四部分“修复”，共六条。第一条包含两层内容，第一层内容是说修复过程是一项高度专业性的工作，要有充分依据，不能臆测，以保存和展示古迹的美学与历史价值（即真实性、原真性）；第二层内容强调“任何不可避免的添加都必须与该建筑的构成有所区别，并且必须要有现代标记”。这后半部分内容就是有名的“可识别性原则”。第二条，如果传统技术被证明为不适用时，可采用任何经科学数据和经验证明为有效的现代建筑及保护技术来加固古迹。第三条主要谈对历史留给古建筑的“正当贡献，即历史上有价值的修缮、添建内容必须予以尊重，对有价值的重叠的历史遗存应当保留，不要轻易毁掉”。第四条强调“缺失部分的修补必须与整体保持和谐，但同时必须区别于原作”，这条是“可识别性原则”的另外一种情况。第五条指出“任何添加均不允许，除非它们不至于贬低该建筑物的有趣部分、传统环境、布局平衡及其与周围环境的关系”。主要谈修复之外的“添加”要格外慎重。第六条谈对古迹要有妥善的管理，“确保用恰当的方式进行清理和开放”。

第五部分“发掘”，谈对遗址的发掘和保存应按科学标准和联合国相关组织通过的国际原则进行；强调应“永久地保存和保护建筑风貌及其所发现的物品”。这一条特别强调了“对于任何重建都应事先予以制止，只允许重修，也就是说，把现存但已解体的部分重新组合”。

第六部分“出版”，谈对保护、修复、发掘记录、图片及分析报告等出版的必要性。

《威尼斯宪章》在国际文化遗产保护历程上具有里程碑的意义，这并非仅仅要求我们在口头上坚守它在保护史上的地位，而是要真正理解《威尼斯宪章》的精髓所在，即原真性和完整性原则所传递的科学性。

1.1.3.3 华盛顿宪章

1987年10月，国际古迹遗址理事会在美国首都华盛顿通过了《保护历史城镇与城区宪章》，这便是对后世具有重要影响力的《华盛顿宪章》。《华盛顿宪章》是继《威尼斯宪章》之后的第二个国际性法规文件，它对历史城镇和城区的保护范畴进一步给出了科学的定义，并明确了保护的规则。该宪章确立了世界文化遗产保护的新准则，当代著名学者对该宪章的地位给予很大的肯定。张松教授指出：它是总结了《威尼斯宪章》后20多年科学成果的一份集大成文件。吕舟教授指出：该宪章提出了居民参与是历史城镇保护的重要部分，强调了对历史古城的保护要适应现代生活以及相关建筑的改造升级，界定了新建建筑与原有环境的关系标准。《华盛顿宪章》体现了社会参与文化遗产保护的新的保护思想。

与《内罗毕建议》相比，《华盛顿宪章》更加强调将保护活动作为城镇社会发展政策和各项计划的组成部分，而不仅仅是城市规划的主要目标之一。宪章对历史城镇和城区的保护进行更有针对性的说明，宪章开篇明确提出，“保护历史城镇与城区包括保护、保存和修复这种城镇和城区，以及实现发展、和谐地适应现代生活的各种步骤”。

《华盛顿宪章》在第一部分“目标和原则”中提出，保护历史城镇和城区的目标是保护其形态和功能方面的完整特征。居民的参与对历史城镇的保护起着极大的作用，历史城镇和城区的保护首先要考虑如何安置城内的居民。

在“方法与手段”章节中，《华盛顿宪章》详尽介绍了历史城镇和城区中的道路交通和住房、日常维修和重新修建的情况，还阐述了专业培训和教师、市民参与的意义。宪章第8条提出要让传统城镇满足现代生活发展的需求，必须完善公共服务设施、基础设施配套；宪章第9条认为，住房改善是环境保护的根本任务之一。这些方法的提出，是“以人为本”高于“老城保护”理念的思想来源基础。

《华盛顿宪章》是继《内罗毕建议》《马丘比丘宪章》之后关于历史城区保护的集大成者，它提出的保护目标、保护方法与当代提倡的“整体性保护”思想一脉相承。在对历史城镇进行保护时，首先应考虑居住、交通、基础设施、公共设施等居民生活问题，然后再通过政治、财政、修缮技术等手段，整体保护城镇的建筑及环境。

1.1.3.4 后续具有重要影响力的宪章及宣言

《威尼斯宪章》之后，国际保护宪章主要沿着两个方向发展。其一是保护对象的范围不断扩大，类型不断细化。1981年，ICOMOS与国际风景园林师联合会（IFLA）共同设立的国际园林委员会在佛罗伦萨召开会议，起草了一份历史园林保护宪章，即《佛罗伦萨宪章》。1982年，ICOMOS将其作为《威尼斯宪章》的附件登记采纳。1987年，ICOMOS通过了《华盛顿宪章》，这份保护历史城镇和城区的宪章，总结了《威尼斯宪章》颁布后20多年的科学成果。1990年、1996年，ICOMOS分别通过了《关于考古遗址的保护与管理宪章》《关于水下文化遗产的保护与管理宪章》。1999年，《关于乡土建筑遗产的宪章》在ICOMOS大会上通过，此份文件作为《威尼斯宪章》的补充，提出了确认乡土性的标准、乡土建筑的保护原则及保护实践中的指导方针。

ICOMOS的另一发展方向是，不断深入解释保护领域的某些具体原则和方法，对文化遗产保护的重要原则，或是具有争议的问题进行具体研究、解释和规定。1994年通过的《关于原真性的奈良文件》特别关注文化遗产保护的“原真性”原则。1999年，由ICOMOS国际科学委员起草的《关于文化旅游的宪章》问世，它取代了1976版的文化旅游宪章，在旅游发展火热的现在，这份关于文化旅游管理的原则和指南有着重大的现实意义。2004年通过的《关于解释文化遗产地的宪章》讨论了文化遗产保护与展示过程中，遗产原真性、知识完整性、社会责任以及尊重文化意义和文脉关系等的重要性。除此之外，ICOMOS大会下属的国际学术委员会还制定了大量关于各个具体问题的决议和原则，为文化遗产保护工作中的某些具体问题提供指导，可以认为这些决议和原则是以宪章的原则为基础，对更具体的问题或遗产类型的保护，做出的更深入的阐述，包括《关于古建筑、建筑群、古迹保护教育与培训的指南》《关于建筑遗产的分析、保护和结构修复的原则》等。

ICOMOS的各个国家委员会也针对本国具体情况制定了一些重要保护宪章，其中在国际上影响最大的要属澳大利亚国家委员会在1979年通过的《巴拉宪章》。《巴拉宪章》秉承《威尼斯宪章》的重要精髓，又结合了澳大利亚本国的遗产保护特征。此外，巴西、新西兰、美国、加拿大等国家委员会也制定了适合自己国家的宪章或者保护文件，如《美国保护历史城镇与地段宪章》等。2000年，中国ICOMOS国家委员会在《威尼斯宪章》的指导下制定了适合我国文物遗产保护的《中国文物古迹保护准则》。

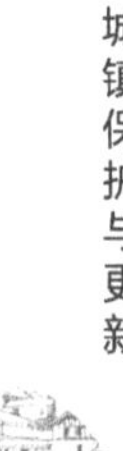

除了众多指导性强的宪章和指南外，ICOMOS大会还签署了一些国际宣言，包括《罗马宣言》(1983年)、为了纪念《世界人权宣言》50周年签署的以“人类共同的文化遗产”为主题的《斯德哥尔摩宣言》(1998年)。

2005年，ICOMOS第15届大会在我国古都西安召开，大会的主题是“古迹遗址的环境(setting)”。大会通过的《西安宣言》指出“环境”除实体和视觉方面的含义外，还包括与自然环境之间的相互作用：过去的或现在的社会和精神活动、习俗、传统认知和创造并形成了环境空间中的其他形式的无形文化遗产，它们创造并形成了环境空间以及当前动态的文化、社会、经济背景。“环境”可以概括为以下三方面的内容：

(1)遗产的物质存在和视觉状态。

(2)遗产与自然环境之间的相互作用。

(3)社会和精神活动、习俗、传统知识等形式的无形文化遗产方面的利用和活动。

在此定义的基础上，宣言进一步指出，文化遗产的价值不仅仅在于其社会、精神、历史、艺术、审美、自然、科学或其他文化价值，也来自它们与物质的、视觉的、精神的以及其他文化背景和环境之间的重要联系。这种认识将遗产看作动态的、复合的整体而非静态的、独立的对象，完善了文化遗产在社会、功能、结构和视觉方面的完整性。

《西安宣言》坚持记录、展示、合作等方面的一贯原则，强调对变化的管理与监测，希望通过规划手段保护遗产环境，包括制定相关的规定以有效控制渐变和骤变对环境产生的影响，对遗产环境范围内新建设的控制与引导等手段。《西安宣言》只是阐释了保护文化遗产及其环境的纲领性原则，但它从无形文化和自然背景两方面扩展了遗产内涵，这对未来的行动具有积极意义。

国际保护宪章的演进历程表明，《威尼斯宪章》之后，原真性和完整性影响了国际保护文件的发展轨迹。文化遗产的完整性除了包含遗产物质状态的完好程度，还强调遗产地在视觉景观与社会功能方面的连续性，有利于更全面地认识文化遗产的价值。

1.1.4 国际现代建筑协会（CIAM）主要宪章

1.1.4.1 1933年《雅典宪章》

1933年8月，国际现代建筑协会第4次会议通过了关于城市规划理论和方法的纲领性文件——《城市规划大纲》，后被称作《雅典宪章》。《雅典宪章》提出了城市功能分区和以人为本的思想，集中反映了"现代建筑学派"的观点，特别是法国勒·柯布西耶的观点。他提出，城市要与其周围影响地区成为一个整体来研究。

宪章指出城市应在区域规划基础上，按居住、工作、游息进行分区及平衡后，建立三者联系的交通网，并强调居住为城市主要因素。城市规划是一个三度空间科学，应考虑立体空间，并以国家法律的形式保证规划的实现。

《雅典宪章》对历史建筑的保护以及在历史地区的新建筑设计等问题

提出了有远见的原则建议：

有历史价值的古建筑均应妥为保存，不可加以破坏；

真能代表某一时期的建筑物，可引起普遍兴趣，可以教育人民；

在所有可能条件下，将所有干路避免穿行古建筑区，并使交通不增加拥挤，亦不妨碍城市有转机的新发展；

在古建筑附近的贫民窟，如作有计划的清除后，即可改善附近住宅区的生活环境，并保护该地区居民的健康。

1.1.4.2 1977年《马丘比丘宪章》

1977年12月，世界知名的城市规划设计师聚集于秘鲁首都利马，以《雅典宪章》为出发点进行了讨论，签署了新宪章——《马丘比丘宪章》。

这个宪章涵盖了《雅典宪章》所包含的各项概念，并针对逐渐出现的生态危机、城市贫血症等问题，又增加了对诸如城市增长、自然资源与环境污染、工业技术、设计与实践等问题的分析与论述。它既批评了《雅典宪章》中存在的问题，又将《雅典宪章》中值得借鉴的部分进行保留与改进。

宪章指出，城市的个性和特性取决于城市的体型结构和社会特征。因此不仅要保存和维护好城市的历史遗址和古迹，而且还要继承一般的文化传统。一切有价值的说明社会和民族特性的文物必须保护起来。

保护、恢复和重新使用现有历史遗址和古建筑必须同城市建设过程结合起来，以保证这些文物具有经济意义，并继续具有生命力。

在考虑再生和更新历史地区的过程中，应把优秀设计质量的当代建筑物包括在内。

1.1.4.3 1999年《北京宪章》

1999年6月23日，国际建协第20届世界建筑师大会一致通过了《北京宪章》。《北京宪章》总结了百年来建筑发展的历程，并在剖析和整合20世纪的历史与现实、理论与实践、成就与问题以及各种新思路和新观点的基础上，展望了21世纪建筑学的前进方向。

宪章提出，文化是历史的积淀，存留于城市和建筑中，融合在人们

的生活中，对城市的建造、市民的观念和行为起着无形的影响，是城市和建筑之魂。20世纪，许多建筑环境难尽人意：人类对自然以及对文化遗产的破坏已经危及其自身的生存；始料未及的“建设性破坏”屡见不鲜：许多明天的城市正由今天的贫民所建造。

面临种种挑战，宪章提出新世纪的特点和我们的行动纲领是：变化的时代，纷繁的世界，共同的议题，协调的行动；并得出“一致百虑，殊途同归”的基本结论。

这一宪章被公认为是指导21世纪建筑发展的重要纲领性文献，标志着吴良镛的广义建筑学与人居环境学说已被全球建筑师普遍接受和推崇，从而扭转了长期以来西方建筑理论占主导地位的局面。

1.1.5 UNESCO的相关建议及宣言

UNESCO致力于国际教育、科学、文化的发展，制定了众多建议和宣言。UNESCO成立后颁布的第一个国际建议即《关于适用于考古发掘的国际原则的建议》；之后，UNESCO还制定了景观特征保护、文化和自然遗产保护、传统民俗保护等建议。进入21世纪后，全球化进程和社会经济发展将文化遗产的未来置于机遇与危机并存的处境中，UNESCO又通过了一些重要的宣言和建议，包括与亚洲、非洲等地合作形成的地区性保护文件（表1-3）。

UNESCO通过的建议和宣言一览表　　表1-3

类别	时间	名称
建议	1956	关于适用于考古发掘的国际原则的建议
	1960	关于博物馆向公众开放最有效方法的建议
	1962	关于保护景观与遗址风貌与特征的建议
	1964	关于禁止和防止非法进出口文化财产和非法转让其所有权的建议
	1968	关于保护受公共和私人工程危害的文化财产的建议
	1972	关于在国家一级保护文化和自然遗产的建议

续表

类别	时间	名称
建议	1976	关于历史地区的保护及其当代作用的建议
	1976	关于文化财产国际交流的建议
	1978	关于保护可移动文化财产的建议
	1980	关于保护与保存活动图像的建议
	1989	保护传统文化和民俗的建议
	1994	建立平衡、有代表性和可信的世界遗产名录全球战略
	2018	关于恢复和重建文化遗产的华沙建议
宣言	2001	世界文化多样性宣言
	2002	布达佩斯宣言
	2005	会安草案
	2005	维也纳备忘录
	2005	保护历史城市景观宣言
	2015	波恩宣言
	2016	伊斯坦布尔宣言
	2019	巴库宣言
	2021	福州宣言

资料来源:根据UNESCO官网及张松的《文化遗产的完整性与整体性保护方法——遗产保护国际宪章的经验和启示》整理

在诸多建议中,《关于保护景观和遗址的风貌与特征的建议》《保护受工程危害文化财产的建议》《关于历史地区的保护及其当代作用的建议》(《内罗毕建议》)最具影响力。《内罗毕建议》从立法行政、技术和经济社会发展角度，提出了一些能从总体与局部两个层面保护历史地区、同时解决社会和经济问题的方法与途径，包括补贴旧建筑的修复、制定新建筑的相关规章、在一般民众中传播有关文化遗产保护的信息等。这些建议在政策制定、技术支持等方面提出的具体措施可行性和操作性强，对各国的文化遗产保护工作具有直接指导作用。

2001年，UNESCO通过的《世界文化多样性宣言》认为，全球化进程对文化多样性是一种挑战，同时也为各种文化与文明之间进行新的对话创造了条件；应该尊重每个人的文化权利，通过文化创作、发展文化产业等手段实现文化多样性，并最终从经济社会发展和人类精神生活方面，发挥出文化的积极作用。2005年，UNESCO又通过了一份重要宣言——《保护历史城市景观宣言》。这份宣言从干预当代建筑入手，综合考虑景观完整性与城市可持续发展之间的关系，为新形势下协调保护与发展提供了新思路。2021年7月，在福建省福州市举行第44届世界遗产大会，宣布通过了《福州宣言》。《宣言》重申《保护世界文化和自然遗产公约》原则和开展世界遗产保护国际合作的重要意义，呼应大会关于气候变化对世界遗产可持续发展深远影响的高度关注，强调保护世界遗产是全人类共同的责任，呼吁加大对发展中国家特别是非洲和小岛屿发展中国家的支持，留给后代一个开放、包容、能够自我调适、可持续、有韧性和清洁美丽的世界。

1.1.6 重要国际宪章的保护共识

1.1.6.1 约定性条款与国际共识的支撑

纵观国际组织在文化遗产保护工作中的探索与实践历程，不难发现尽管早先颁发的著作、建议性的文件已具备保护意识，但由于没有法律的明文规定，难以产生显著效果。随着各类宪章、法律的问世，使得文化遗产保护工作在世界范围内有了极大的成效，21世纪联合国教科文组织颁布的《关于蓄意破坏文化遗产问题的宣言》中甚至直接制定了破坏文化遗产行为的处罚措施，从而加大了法律保护的力度。同时，我们还需要树立“文化遗产世界化”的意识。20世纪末期，法国开始向全世界传播他们的遗产文化。国际组织如国际古迹遗址理事会、联合国教科文组织等也一贯在强调各缔约国之间的相互协调与配合。

1.1.6.2 技术性制度与规则的支撑

由于文化遗产的损坏程度、原因各不相同，因此，制定科学合理的技术性制度显得尤为重要，如强调修复技术的运用应建立在对文化遗产损坏现象全面分析的基础上，遵循“原真性”和“完整性”的规则，将预防性保护技术、修复技术、管理技术贯穿于文化遗产保护过程中；同时，随着科学技术的发展，运用的技术也应与时俱进，相应的制度也应做出改变，如新材料的出现和运用，为文化遗产的修复做出了巨大的贡献，但如果没有制度的约束，难免会破坏其修复效果。

1.1.6.3 前瞻性保护与预防的支撑

文化遗产的保护不仅仅体现在修复与管理方面，从国际宪章对文化遗产的保护历程来看，不难发现，文化遗产的预防性保护问题越来越受到重视。文化遗产是不可再生的珍贵资源，必须提升预防性保护意识，对其进行主动性的保护，采取有效措施最大限度地防止其被损坏。与此同时，对于已修复的文化遗产同样要实施预防性保护，再结合保护技术的运用，大大提升文化遗产保护的力度。

1.2 主要国家文化遗产保护机制

1.2.1 国际文化遗产保护机制发展历程

国外文物建筑保护基本概念、理论和原则的形成是从19世纪中叶开始，近100多年发展演变的结果。从20世纪60年代开始，历史城镇的保护成为影响极大的国际性运动。1964年，国际历史文化遗产保护发展中的一个重要里程碑《威尼斯宪章》问世，《威尼斯宪章》扩大了文物古迹的概念：“不仅包括单个建筑物，而且包括能够从中找出一种独特的文明、一种有意义的发展或一个历史事件见证的城市或乡村环境”。自《威尼斯宪章》问世后，一系列的国际文件相继出台。

国际社会对于文化遗产的保护意识既有来自和平时期的“建设性破坏”引起的自觉保护，也有来自战争对文化遗产带来的损毁和流失严重后果的被动保护。各国主要通过颁布适合本国国情的法规、导则、地方规章等文件，对文化遗产进行依法保护，各国的历史文化遗产保护机制都离不开越来越完善的法律制度建设。

1.2.2 法国：世界文化遗产保护的开端

法国是文化遗产保护的先进国之一，是世界上最早怀念消逝建筑、思考如何保护历史建筑的国家，其颁发的有影响力的文化遗产保护相关法案、文件数量已达13项（图1-1）。

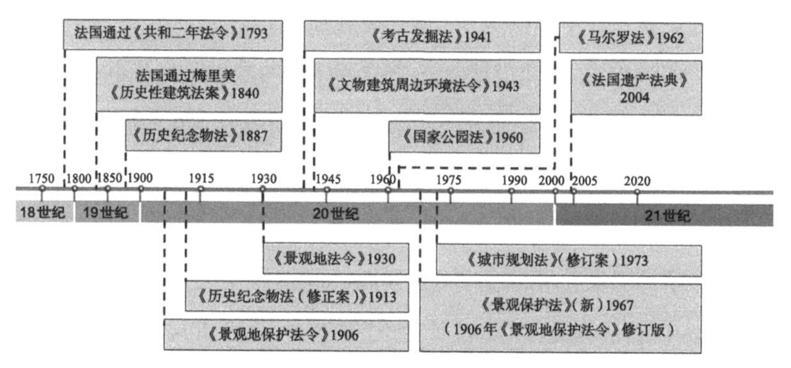

图1-1　法国文化遗产保护历史演进图

资料来源：《基于国际宪章的文化遗产保护与利用历史演进研究》

在18世纪法国大革命对文物、建筑造成毁灭性破坏的社会背景下，法国的文化遗产保护运动以历史建筑的保护为开端并逐渐展开。1793年《共和二年法令》的问世，“领土内任何一类艺术品都应受到保护”被规定下来。法国第一部文化遗产保护法梅里美《历史性建筑法案》颁布于1840年，这也是世界上最早的一部关于文物保护方面的法律；同期法国已开始对历史、艺术品进行调查、识别、库存标识并归类处理，建立历史纪念物监察机构，为其设立专门的历史委员会，致力于对个体文物建筑的系统性保护和修复。1887年颁布的《历史纪念物法》强调对具有国家利益的建筑物应实施保护措施，并且已经注意到建筑周边环境同等重要，这种意识对新建筑的建设起到了控制作用。受1905年法国《政教分离法》的影响，该法案在1913年被重新修订，把受保护建筑的评判标准从“国家利益”改为“公共利益”，将被排除在国家保护体系之外高质量的宗教建筑纳入保护范围，这便赋予了文物建筑更高的地位，为现代法国历史纪念物的保护奠定了法律基础。

随着工业革命的推波助澜与人类环境保护意识的加强，法国第一批自然景观地保护组织应运而生，文化遗产保护工作也因此扩展到自然景观的保护。这体现在1906年颁布的《景观地保护法令》，明确强调要平衡人类活动和自然保护、资源地和生活地保护之间的关系。该法律于1930年进行修订，变成《景观地法令》，将《景观地保护法令》中对“景观地”的个体保护扩展到对自然景观地和遗产地的保护；同时在历史建筑周边地区建立受保护的区域，“景观地”的概念开始向自然物扩展，并从自然景观扩展至城市景观。1943年颁布的《文物建筑周边环境法令》，将文物和景观联系到一起。法国社会对于自然环境的保护意识已非常强烈，并于1960年颁布了《国家公园法》，再次强调共同保护人文遗产和自然环境。

20世纪中期法国城市更新计划的失败导致城市风貌逐渐消失，针对这种建设性破坏，法国于1962年颁布《马尔罗法》(即《历史街区保护法》)，确立了“保护区”的概念，并制定相关制度，首次以关联性的视角看待城市发展和建筑、遗产的保护问题。随着改造的矛盾日益尖锐，为了降低改造对历史街区的影响，法国在1973年颁布的《城市规划法》以法律条文的方式来禁止对历史街区的破坏，并对其实施整体保护措施。

20世纪末，法国的文化遗产保护工作已大有成效，并且注重将其本土文化遗产向社会传播，以增强民众的保护意识。1984年，法国首次推出“文化遗产日”活动，每年一次，延续至今。此活动的影响逐渐扩散至欧洲，1991年欧洲理事会决定将其定为“欧洲文化遗产日”，在欧洲40多个国家普及开来。

进入21世纪，法国的文化遗产保护法已进入系统化、法典化时期，2004年颁布的《法国遗产法典》预示着相对系统的文化遗产保护法体系已经构成。

纵观法国文化遗产保护法的变化，不难发现从18世纪末开始的早期文化遗产保护仅强调建筑、纪念物的保护，且相关法案颁发时间相对集中。从20世纪开始，文化遗产保护已逐渐扩大保护范围，涵盖了周边环境、自然景观等，最后形成了一个完整、协调的文化遗产法律保护体系。

资金来源方面，法国政府清醒地认识到，仅凭行政力量不足以覆盖文化遗产保护的各个方面，因此积极鼓励和支持各种民间保护组织的发展和壮大，使它们越来越多地参与到法国文化遗产保护事业中。这些民间组织如基金会、协会等，不仅是政府强有力的补充，更重要的是，它们的活动营造出了全民参与文化遗产保护的良好社会氛围。

1.2.3 英国：登录建筑及保护区规划制度

英国是建立保护法规较早的国家。1882年，英国就通过了《古迹保护法》，此后有一系列的保护文化遗产的法律法规出台。英国登录建筑及保护区规划法共分4部分94条款。第一部分为登录建筑，第二部分为保护区，第三部分为总则，第四部分为补充说明。

登录建筑为有特殊建筑艺术或历史价值的建筑。名单由英格兰历史建筑与古迹委员会（本法以下称“委员会”）或其他类似公众及团体提供，国务大臣汇总并审批。

1877年，威廉·莫理斯创建了古建筑保护协会，1882年颁布《古迹保护法》；1900年颁布《古迹保护法修正案》，把历史文化遗产的保护内容扩大到了宅邸、庄园、农舍、桥梁等与历史事件有关或具有历史意义的建筑物；1913年颁布《古迹加固修整法案》；1931年又颁布了《古迹加固修整法案（修正案）》；1953年制定了保护历史性建筑物的《历史建筑及古迹法》；1969年颁布《住宅法》，确定巴斯等4个历史古城为重点保护城市，《住宅法》授权地方政府提供费用的50%资助（最多为1000英镑）以改进不合标准的老住宅（结构维修及卫生设备更新）；1974年制定《城乡规划法（修正案）》，将保护区所有未登录建筑纳入城市规划的控制之下，国家可干涉保护区的划定，加强对被忽视的被列建筑的保护措施，为欧洲建筑遗产提供特别资助。

在英国，由国家和地方政府提供的财政专项拨款和贷款，是保护资金最重要的来源，非政府组织的捐赠和志愿者个人的捐款也是经费的重要来源。除此之外，志愿人员的义务劳动、无偿提供房产和固定资产，也可纳入资助范围。在保护资金的具体投入与运作方面，英国政府授权各种团体负责实际运作。由于与政府关系的密切程度和承担责任不同，各保护团体获得的政府拨款也不同。同时，在英国，历史文化遗产保护不仅在官方，而且在民间也有相应的保护组织，主要有由环境部所规定的5大组织：古迹协会、不列颠考古委员会、古建筑保护协会、乔治小组和维多利亚协会。由于介入法定程序，每年英国政府给以上5个团体相当的资助。

21世纪以后，英国开启了持续至今的遗产保护管理改革，涉及历史建筑、古迹、历史环境以及修复技术等方面的管理与完善。关于英格兰历史环境保护政策的研究报告《场所的力量》在2000年问世，强调历史环境和场所保护要同时考虑其历史环境和之后变化的需要，并呼吁提升大众遗产保护的认知和领导机构协同合作。2001年的《历史环境：未来的力量》（*The Historic Environment*：*A Force for Our Future*）在前一报告的基础上进一步提出一系列政策性的建议和执行计划，同时要求加强英国在世界遗产委员会及其他国际机构中的作用，使其保护思想在世界文化遗产保护工作中扮演越来越重要的角色。2003年的《保护我们的历史环境》（*Protecting Our Historical Environment*）明确提出体制变动，形成新系统的建议，并在2004年的《遗产保护总结》（*Summary of Heritage Protection*）中进行探讨，直至2007年《21世纪的遗产保护》（*Heritage Conservation in the 21st Century*）的出现，才详细说明遗产体制改革的具体建议、执行办法和操作步骤，使遗产保护工作变得简便、高效。

从2005年起，英国遗产保护开始追求可持续发展模式。2012年政府颁布的《国家规划政策框架》（*National Planning Policy Frame Work*），对如

何实现可持续发展进行了详细阐述；2015年的《遗产2020：英国历史环境战略性保护框架（2015—2020）》对保护的整体性和可持续性提出了具体战略，可见英国政府对此十分重视（图1-2）。

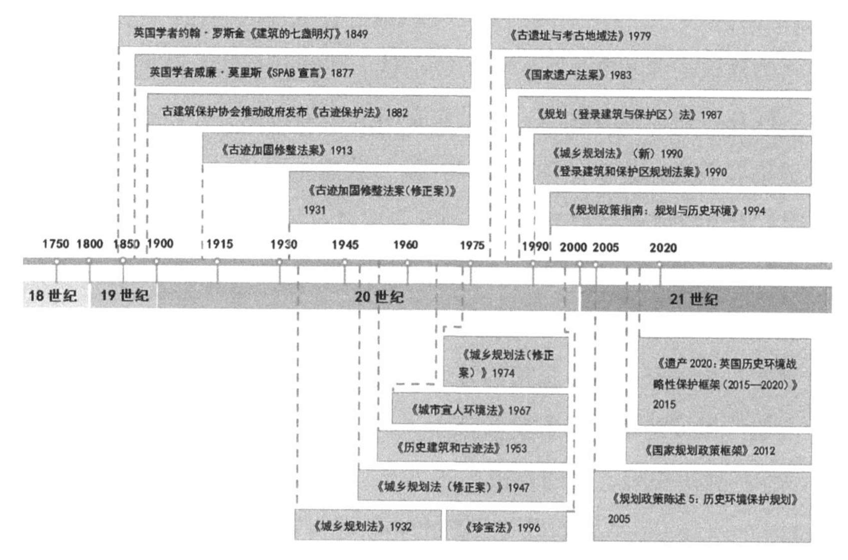

图1-2　英国文化遗产保护历史演进图

资料来源：《基于国际宪章的文化遗产保护与利用历史演进研究》

英国文化遗产保护法的发展首先是借助民间组织的力量，后来逐渐强调法律的可实施性。20世纪六七十年代以后，颁发法案数量较多，主要是借助城乡规划法及相关法律强调对历史建筑的保护以及进一步完善各项法律制度。

1.2.4　德国：城市设计类型的文物保护

从世界范围来看，德国对于历史城镇遗产的保护成绩显著。数量可观的历史城镇分布在面积有限的国土上，美好的历史城市景观得到非常小心的保护传承，并且很好地协调了现代生活设施与传统格局肌理、传统建筑之间的关系。

当然，从德国的历史来看，历史城镇作为文化遗产的一种类型对其进行保护，这一理念形成社会共识也经历了一个过程。概括而言，第二次世界大战之前，文物保护还是对单体建筑的保护，第二次世界大战之后经历了一些老城区重建的过程。

1970年代，德国正式提出对历史城镇进行成片区的保护，并通过联邦与各州的建设法典与文物保护法予以确认。1990年代后，从国家层面大力推动，联邦、州、地方联合参与，专家团队全程咨询，高质量地实施了大量对历史城镇进行保护的项目。2007年，欧盟主要成员国发布《莱比锡宪章》后，历史城镇复兴对于地区与国家发展具有了更为重要的战略意义。

18世纪至今德国遗产保护内涵有了很大的扩展，在联邦法律的总体框架下，各州根据其城市遗产具体情况制定了多样的遗产保护法规和遗产登录制度。从国家到地方完善的管理体系以及综合有效的资金运营成为德国城市遗产保护的基础和重要保障。

（1）具有历史核心区的城镇

1977—1987年举办的以“谨慎的城市更新”为主题的柏林IBA（国际建筑展览会）之后，在联邦的统一要求下，联邦各州先后提出了本州内“具有历史核心区的城镇”名单，并在之后根据各自情况进行增补。

提名标准是：“历史核心区平面清晰可辨，历史核心区内的建筑绝大多数是传统形式的，并能展现出一定的历史景观。城镇已经做好准备，对历史核心区进行保护与整治更新，通过谨慎的更新政策，城镇的文化肌理或文化关联能够得以保存。”

目前，德国“具有历史核心区的城镇”总数达到934个，在每一个城镇进入历史核心区之前都会有明显的共同标志。联邦及各州对其保护工作提供特定的资金支持，其中包括历史城镇中心的研究、历史城镇中心保护项目的资助、历史城镇中心保护教育与培训的开展等。

（2）城市设计类型的文物保护

“城市设计类型的文物保护”是1970年代后文物法中规定的文物保护类型之一，保护的对象就是上述“历史核心区”以及其他的片区型的文化遗产。

对于城市设计类型的文物保护，从联邦政府到各州在“城市设计基金”中都有专项资金的支持。“城市设计类型的文物保护”的倡导者之一戈特弗里德·基索（Gottfried Kiessow）教授认为该保护的最重要目的是“保护这些城市规划类型文物的平面布局、与环境景观的和谐、街道广场空间与重要的单体建筑的整体性”。

“城市设计类型的文物保护”兴起于原联邦德国，背景就是第二次世界大战后因为住宅紧缺而开展的大规模城市更新促使社会认识到对成片的建筑群的保护，当时的提法叫“整体建筑群保护”。1971年，在“城市设计基金”及《城市设计基金法》中予以明确；1971—1973年，巴登—符腾堡州（Baden-Wuerttemberg）和巴伐利亚州（Bayern）率先启动；1975年，欧洲文化遗产保护年里，整体建筑群的保护政策被大力宣传；原民主德国随后也有相应的保护政策，在1979年，230余个被认定具有区域、国家或世界价值的历史核心区或城市建筑群被提名保护。

1991年，新的“城市设计基金”正式提出“城市设计类型的文物保护”的联邦—州联合保护项目（口号是“拯救古城”），该项目的总体目的是“保护具有建筑、历史文化价值的历史核心区与具有文物建筑的历史地区，并使其面向未来继续发展”。包括以下重点：

这些具有历史、艺术或城市设计价值的建筑（群）的安全性；

这些建筑（群）的改善与整修；

具有价值的街道与广场的保护与环境整治；

历史城市格局的保护；

区片的复兴；

综合性策略的研究与运用；

历史核心区重新成为城市特色地区。

“城市设计类型的文物保护”因为同时涉及保护与更新改善的工作，因此从法律支撑上也是主要依托德国的文物保护法以及建设法典。

1991—2012年，共计296个历史城市得到该项目的支持，项目中既包括历史悠久的古城核心区，也包括19世纪城市扩张地区、20世纪的居住区。

联邦政府负责“城市设计类型的文物保护”的部门会不定期委托开展一些专项研究，并将研究成果出版分发，起到全国范围内答疑解惑、引领发展、进行示范的作用。比如《住在旧城》(2000—2002),《城市设计类型的文物保护示范性优秀案例》(2006),《社会参与的城市设计类型的文物保护示范性优秀案例》(2007—2008）等。

（3）法制建设

1902年德国就制定了保护优美景观的法律；1971年古迹保护的内容也被纳入联邦建筑基本法的框架中。德国是世界上对文化遗产保护所作法律规定最严格的国家之一。虽然由各州制定的文物保护法在公布方式、具体命名等方面有所不同，但范畴都涵盖历史、艺术、科技等方面有突出价值的文物建筑、历史遗存、自然遗产，同时也涵盖了体现城市重要公共利益的城镇设施、城镇景观和对于文化遗产存在具有重大意义的历史环境、历史事件的发生地等。

（4）资金保障

德国有超过130万项登录文化遗产，包括文物建筑、建筑群、历史城市中心等，这需要巨大的资金保障与有效的投资引导。遗产保护的资金来源有：国家投资、州政府以及国家共同投资、社会资金三个主要方面。

国家投资作为一项文化政策进行实施，投资主要被用于遗产保护、遗产保护研究、遗产基金项目、历史城市中心保护等。首先，保护具有文化、政治、历史、建筑、城市规划、科学等国家级突出价值的建筑遗产、考古遗址、历史公园或园林及在德国文化或历史发展中具有重要地位的文化景观。更进一步，1991—2008年，为实施历史城市中心的保护，联邦政府共划定了187个具有国家意义的历史城市中心区，并为其提供了超过46亿欧元的支持。

此外，州政府根据各州公布的文物保护法对登录建筑或者其他各类遗产的保护要求进行资金支持。除联邦政府每个州和自治区政府提供的保护资金外，还有很多地区和私人的基金，例如德国遗产保护基金会、联邦德国环境基金会、Wüstenrot基金会等。

联邦政府依据收入税法，对历史建筑的保护进行税费减免政策，所得税减免是调节和促进遗产保护的重要法律手段。

1.2.5 美国：土地发展权转移制度

土地发展权转移制度（Transfer of Development Right，以下简称TDR）是20世纪中叶以来美国在协调处理历史文化遗产保护与促进城市开发建设和经济发展方面的创新举措。作为一项用于平衡市场开发与历史文化资源保护的弹性调控理论，自20世纪60年代以来，TDR制度在美国一直被当作以市场为导向的规划工具得到了广泛研究，并首先应用于历史文化遗产保护之中。由于TDR能够将政府强制管控转换为以市场为主导的交易式土地管理，因而受到广泛关注与运用。

（1）TDR制度简介

在美国，历史文化遗产保护的TDR主要是指通过容积率、建筑密度、开发强度等一系列指标的制订、调整和转移管理，在限定历史文化遗产所在地块开发强度和保护历史文化遗产前提的情况下，鼓励开发企业对其他地块加大投资力度，通过适当提高这些区域的开发强度，实现遗产保护、城市空间布局与区域经济发展的相对平衡。美国的TDR通常包含以下几个要素：

①发送区（Sending Areas）

指能够将发展权通过市场方式转让出去的地区，即在土地分区管控下受到特殊保护、限制开发的具有较多历史文化遗产或保护价值较高的地区。这些地区剩余较多的纵向空间但无法开发，可以通过将其上空未使用的容积率转移到需要增加密度和强度的土地中去。一旦被确立为发送区

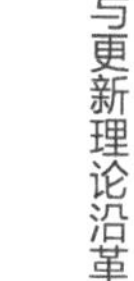

后，其土地所有权人需要作出如下承诺：一是维持土地使用现状，不得变更当前的土地性质和用途；二是在其土地发展权出售并获取经济补偿后，不得再享有改变现有土地的容积率等开发土地的权利。

②接收区（Receiving Areas）

指可转入发展权获得额外开发强度的地区，这种区域一般是城市重点发展或鼓励发展的地区，能够接收多余容积率并可承载较高的开发强度，是未来具有一定的发展潜力和成长空间的地区。与发送区相比，接收区的设置更加复杂，需要具备以下几个条件：一是具备较高的开发潜力，能够容纳更多的开发容量和人口数量；二是具有强烈的市场开发需求；三是满足开发建设所需的基础设施服务；四是获得政府及公众对开发强度的支持。

③积分（Credits）

是指发送区土地所有权人用于转让的发展权的数量，也称之为转让率（Transfer Ratio）。发送区将积分出售获得补偿，接收区通过购买积分用以增加建设强度。积分的价格由买卖双方协商，一般实行“一对一转让率”，即发展权转移量与待开发区域的容积是一致的。不过，考虑到不同区域地价的区别，发送区所送出的积分与接收区获得的积分之间需要综合参考多方面的因素。

④交易规则（Rules）

历史文化遗产保护的TDR要得以运行，必须依靠相应的交易实施规则。首先是土地分区规划管制的严格执行。其次，需要将转移和接收的土地发展权兑换成一定的积分，即必须在明确发送区和接收区及相应积分的基础上，交易双方才能通过公平交易的方式实现TDR。最后，需要TDR专业机构或政府作为中介组织达成交易。尽管TDR积分可以在买卖双方之间通过市场手段进行交易，但依然要接受当地政府部门的监督和指导。（图1-3）

TDR虽然主要由买卖双方来实施，但是由于受到多种条件的制约，

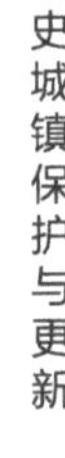

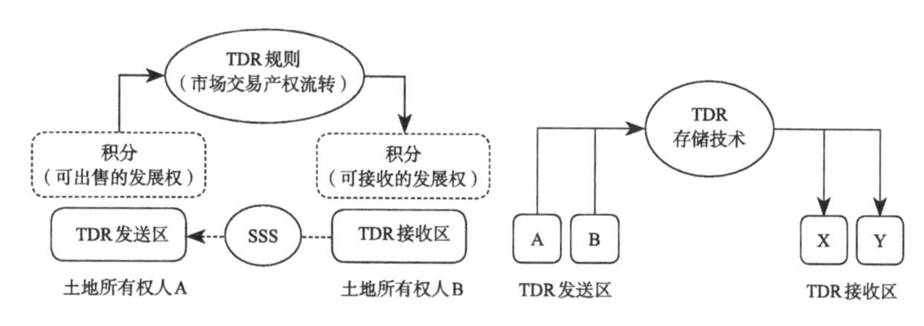

图1-3　TDR主要内容示意图

资料来源：《美国历史文化遗产保护的土地发展权转移制度及对我国的启示》

待价而沽的发展权不一定能够找到合适的购买者。而且，随意地转让发展权对于开发强度过高的接收区可能会因为超过环境承载力，造成生态环境恶化和城市拥堵。另一方面，土地所有权人也很难在短期内确定合适的发展权接收区。在此情况下，美国部分州通过设置土地发展权存储技术，将这些未能转移的发展权收集起来，由此形成TDR存储技术。TDR存储技术有两个功能，一是充当中介角色，提供交易平台。通过政府或相关市场主体构建交易信用与价格机制，确定TDR发送区和接收区，并对TDR进行登记；二是调节开发市场，促进供需平衡。当市场对土地发展权的需求变小时，政府或相关部门可作为购买方从发送区土地所有权人那里购买预转让的土地发展权，将其暂时进行储存，当开发市场活跃时再将其出售，从而促进市场流通，稳定交易环境。

（2）TDR制度实践应用

1968年，纽约的中央火车站保护与拆除论战中首次运用TDR，纽约中央火车站的发展权转移是美国乃至全世界关于历史文化遗产保护发展权转移中最具影响力的案例之一。

纽约火车站始建于1903年，1976年火车站被认定为“国家纪念物”，车站业主Penn公司多次想对火车站进行高容积率开发，遭到各界反对。1978年，联邦法院批准Penn获得16万平方米的发展权。1980年，Penn公司出售了7000平方米给街对面的菲利普·莫里斯公司用于办公楼加建，同时将5%的收益用于车站建筑的保护。通过发展权转移，Penn公司获得了

一定的发展权用于出售，而中央火车站也因为出售的发展权获得了保护基金，各方达到了共赢的目的。

科斯托尼斯设想建立TDR银行，作为交易平台将各类历史文化遗产上空的土地发展权进行汇集，便于按市场价格进行出售，有效满足市场对土地发展权的需求和保护历史文化遗产。科斯托尼斯提出的这些创新性的观点对TDR的发展和运作产生了巨大的影响。此后，美国很多城市开始在遗产保护领域推行TDR制度，截至2020年，全美一共有200余个TDR项目，33个州采用了这一发展策略。此外，TDR不仅被用于历史文化遗产的保护，而且还被广泛用于保护城市边缘的农地、自然保护区和开放空间等。

（3）法规文件

1966年，美国国会通过《国家历史文物保护法》，1976年美国成立了保护历史文物基金会，各州政府、地方政府以及一些部落也成立了相应机构，指导历史文化遗产的保护以及提供财政资助。2003年3月，布什总统签署13287号法令，在全国开展“保护美国”的活动，夫人劳拉出任名誉主席。通过法令加强指导，支持相关部门保护文化和自然遗产，传播美国文化，增强民族自豪感，鼓励公民积极参与保护国家的历史文化遗产。

1.2.6 日本：历史环境保护制度

日本城市历史文化遗产的立法进程，是伴随经济发展而逐步形成的。从19世纪中叶起，日本开始了快速的工业化进程，自然环境受到破坏，民众开始有了保护城市历史风貌的意识。直到1970年代，日本人民在关注环境的物质方面的同时，开始关注环境的文化方面的重要意义，以反对空气污染、水污染等直接危及人的生命与健康的公害为起点的环境保护运动，从自然保护、生物多样性、景观保护，逐步扩大为包含遗迹、传统建筑和历史街区在内的历史环境保护。

（1）历史环境保护的法制建设

日本的历史环境保护的立法过程，是伴随社会经济发展逐步适应环

境问题的新情况的过程，也是为了有效保护、合理利用历史文化资产、不断完善发展的过程。从对公害问题追究法律责任开始对保护自然环境舒适、生活环境相关的法律问题进行研究。历史环境保护主要关心各类文化财产中与土地关系特别密切的部分，通过法律来控制其环境状态的随意改变行为。1950年制定的《文化财保护法》是日本文化财保护的第一部全面的国家法律，对历史环境保护的立法管理是在20世纪70年代后期开始酝酿。60年代，日本经济进入高速发展期，大规模的开发建设和旧城改造使历史村落、历史街区迅速消逝，文化财周围景观急速改变，文化财的周边环境遭到破坏，即使文物古迹依然存在，其历史文化价值已经大打折扣。1964年京都市京都塔建设等问题的出现，说明京都、奈良、镰仓等古都的历史环境已陷入困境。而历史建筑单体的保存方法已无法对付这样复杂的局面，因此在1966年颁布了《古都保存法》。《古都保存法》制定的目的是保护位于古都内的历史风土，作为固有的文化资产。

风土是一个地方特有的自然环境、气候、气象、地质、地力、地形、景观、物产和风俗习惯的总称。在日本，风土一词还有下述意思：气候制约的自然地理环境赋予当地人以一种对于这一自然条件特有的灵敏态度。依照《古都保存法》的定义，历史风土是指：在历史上有意义的建造物、遗迹等与周围的自然环境已成为一体，具体体现并构成了古都的传统与文化的土地状况。

日本历史文化遗产保护的立法体系实质上是以地方立法为核心的，这是它的重要特色之一。60年代后期，由于国家《文化财保护法》存在不足，一些城镇通过制定条例的方式先后开展起地方性的立法保护。1968年的《金泽市传统环境保存条例》《仓敷市传统美观保存条例》为最初的尝试。1971年有《柳川市传统美观保护条例》《盛冈泽市自然环境保全条例》等，1972年有《京都市市街地景观保存条例》《高山市市街地景观保存条例》等。由于声势浩大的市民保护运动和地方自治体制定的各种保护条例的推动，《文化财保护法》在1975年和1996年进行了两次修编，最终使得日本的文化遗产保护走向刚柔并济、全面综合的高度。

（2）文化遗产保护工作的流程与组织形式

日本历史文化遗产保护的工作基本流程分为三个部分：第一是保护对象的认定与登记，第二是对历史文化要素的修缮和保存，第三是对历史文化要素的活化利用。由于文化遗产的认定与登记直接影响到修缮与保护的登记、活化与利用的方式等后续实施层面的问题，因此，根据历史文化要素的特质对其分类以及对其保护对象进行认定就显得尤为重要。

在组织形式上，文化厅会向地方自治体提供财政支援，这种资金的支持一般包括以下几种形式：

①信息宣传与人才的培育

文化厅将对地方自治体向外宣传日本遗产的相关信息、推荐与培养遗产信息的相关人才的培养所需的费用给予支持。具体的内容由日本遗产的PR和官民协办的历史遗产保护机构来实行，日本遗产的保护近况翻译成多种语言做成手册，配备解说员等相应的行动所需要的费用都可以向文化厅申请。

②启发的普及

地方自治体通过举行报告会、展览、研讨会、国际会议等形式进行对外信息普及，这类活动的经费也可向国家文化厅申请。

③活用为目的的整治行动

自治体根据国家的要求对文化遗产群进行以公开的活用为目的的活动，包括宣传板的设置、警报、消防设施、耐震设施配置的资金支持。（图1-4）

1.2.7 中外保护制度比较

比较而言，欧美主要国家已建立起一套涉及立法、资金、管理等方面较为完整的保护制度。这套制度最重要的特点之一就是以立法为核心，主要表现在两个方面：一是保护体系的形成、发展及逐步完善的过程是

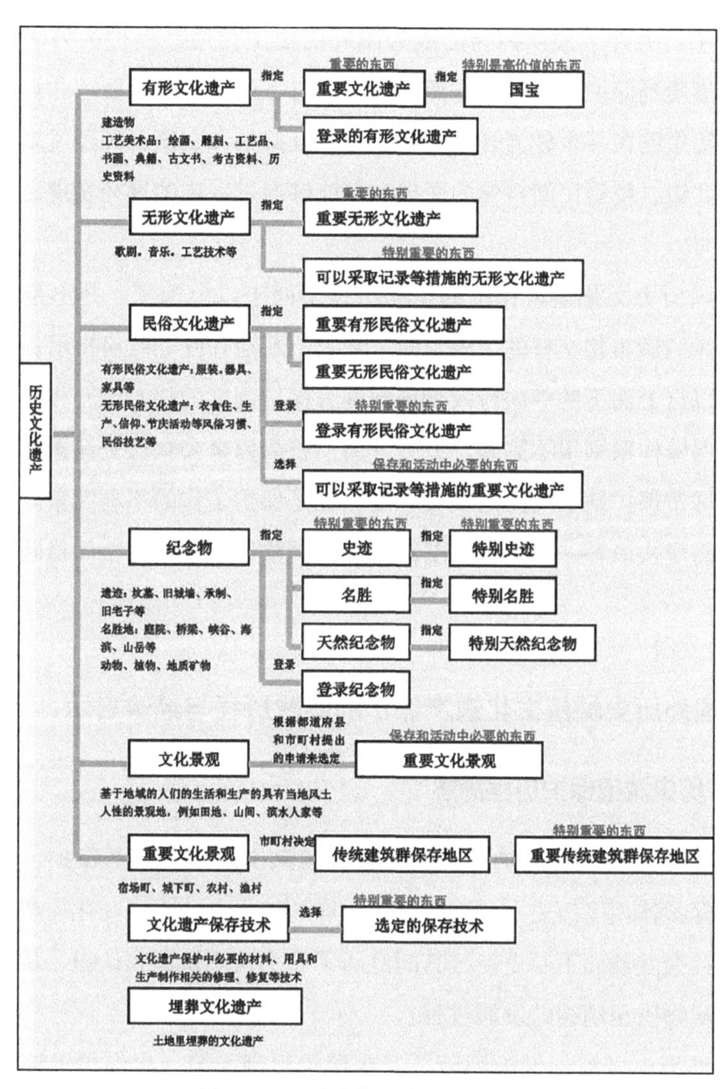

图 1-4　日本文化遗产分类体系图

资料来源：《日本历史文化遗产保护体系概述》

以相应法律的制定为标志的，法律基本原则的连贯性与内容的不断深化与调整是保护事业成功的基础；二是保护内容的形成及确立、保护管理的运行程序、保护机构的职能、保护资金的来源、监督咨询机构以及民间团体、公众参与方式等涉及保护制度的各个方面都最终以法律、法规的形式明确下来。另外，公众参与已成为国外历史文化遗产保护的另一重要特点。它渗透到保护制度的方方面面，使得自下而上的保护要求和自上而下的保护约束能在一个较为开放的空间中相互接触和交流，并经过多次反馈而达成共识，使得民间自发的保护意识能够通过一定的途径实现为具体的保护参与。

中国历史文化遗产保护的发展历程不同于以上国家，并不是公众运动与法律的颁布相交替的历史，而是专家不断地呼吁和政府批示，因此基本上是以自上而下的单向行政管理制度为保护制度的核心，而相应的法律与资金保障体系则很不完善。另一方面，长久以来公众历史保护意识的淡漠造成城市保护缺乏广泛的社会基础，也是保护工作的不利因素。中国在这方面需尽快填补一些明显的空缺，适时调整，建构起完整而稳固的保护制度。

1.3 国外历史城镇文化遗产保护的实践历程与经验启示

1.3.1 历史城镇保护历程简述

国外历史城镇的保护起源于文物建筑和历史纪念物的保护，对历史城镇的保护体现了历史文化遗产保护内容的扩大，体现了文化遗产保护观念随着社会发展而不断更新，其间经历了一个从不认识到认识、从局部到整体、从物质至精神的发展过程。

国外历史城镇的保护经历了三次保护思潮。第一次保护思潮注意力集中在保护单体建筑上。第二次保护思潮保护范围扩大到历史建筑群、城市景观和建筑环境上。伯滕肖（Burtenshaw）对此评价为“除了视觉的、建筑的和历史的品质外，对地区功能特征以及对保护建筑有利的经济功能的考虑都作为了保护的重点”。到第三次保护思潮时期，具有针对性的地方性保护政策的制订成为主角。与早期的保护政策关注遗产本身的历史特性相比，现在的保护政策更注重遗产的未来。阿什沃斯（Ashworth）和坦布里奇（Tun-bridge）认为当前与未来的土地利用、交通系统、地区人口及社会结构等，都应包括在实施保护时所必须考虑的问题中。

保护的实践过程也经历了无数次的价值反思，保护的范围从单体建筑到区域范围的空间及整体，保护街区的价值和城市功能紧密相关。城市历史街区包括七大价值：美学价值、建筑价值、环境价值、功能价值、资源价值、商业价值和连续性价值。城市历史街区中建筑的价值归纳为八个方面：经济价值、社会价值、文化价值、美学价值、城市文脉价值、建筑价值、历史价值和场所感价值。

在保护理论方面，经过古典蓝图式规划和精英路线下的规划，第二次世界大战后西方城市规划理论的发展经历了1960年代的系统规划、理性综合规划、渐进性规划、倡导式规划；70年代选择性“政治经济”观点；80年代的行动规划、新自由主义规划；90年代的沟通行动规划，以及自20世纪60年代发展至今的后现代主义规划观的流变。在大的理论背景的影响下，西方城市保护理论由产生到成熟经历了启蒙与浪漫主义的修复性保护、精英文化背景下的历史主义保护、理性保护与完善、多元化世界融合与借鉴四个阶段性的变化，在当前表现出一种后现代主义的多元化倾向。其中包含了有机保护、社区更新引导性保护、倡导性保护、预防性保护等多种方法，这些理论方法是叠加和不断“扬弃”的思潮嬗变过程。每一次的规划范式转变都与社会政治、经济的重大变化息息相关。

（1）“整体性保护”理论

第二次世界大战后的建设热潮引发了诸多历史环境破坏问题，并且经过现代主义的催化作用而愈演愈烈。这催生了60年代的历史保护运动。一开始，保护与规划的观念集中在物质环境的整治、维护及修复。70年代以后，保护的理念从早期简单化的、限制性保存转变为积极的、以投资推动街区振兴、进而促进地方经济发展的保护，更新成为主题。但更新带来的巨大利益诱惑同样使历史环境的保护不容乐观。

1970年，意大利博洛尼亚首次提出“整体性保护”的全新观念，在

《内罗毕建议》中明确表达，成为更新历史街区的唯一准则，《建筑遗产的欧洲宪章》和《阿姆斯特丹宣言》都对整体性保护的思想与方法作了充分阐述。正如其“把人和房子一起保护”的口号，整体性保护的核心是“不仅包含着对历史上留存下来的物质空间环境的继承发展，还包括社会文化网络的保护”。从此，整体性保护的概念和实践探索在欧洲逐渐走向成熟。

（2）“持续规划”理论

20世纪70年代的能源危机带来了巨大恐慌，之后人们开始反思环境、建设和发展的可持续性，带动了历史保护领域思想的革新。特别是1992年，《我们共同的未来》调查报告发表后，可持续发展的思想成为全世界的共识。本着持续发展的原理，“持续规划”理论有下列三点最基本的内涵：

①保护优先：在规划中处理好保护与利用的关系，服从资源的保护，实现资源持续利用。包括对自然、人文景观以及生态的完整性、景观的地域性和当地居民生活方式的全面保护。实现生态环境的可持续性，对生态脆弱地区不仅要强调生态环境保护，还要注重生态环境的建设，实现生态效益的最优化。

②适度开发：城市的开发规模必须与环境承载力相适应，要控制在一个适当的范围之内，以保证资源不受破坏。城市设施应尽量简单，减少私人交通工具的使用，从而减少城市活动中的资源消耗和废弃物的产生，减少环境污染。

③综合效益：必须从经济、生态和社会效益三方面对城市活动进行综合衡量。可持续规划强调环境承载力范围内的适度经济增长，而非短期内以破坏城市资源为代价的最大经济效益。

（3）“动态保护”和“渐进性更新”的理论

20世纪90年代，持续规划理论日趋成熟，“滚动开发”“控制性规划”等带有鲜明动态性的规划思想被业界普遍接受。动态的思维模式起源于1950年代，是控制论在系统论的基础上对动态系统提出的动态规划（广

义）方法。动态保护的理论强调着眼于近期发展建设，对远期目标仅提供一些具有弹性的控制指标，并在规划方案实施过程中不断加以修正与补充，以实行一种动态平衡。"循序渐进式"（Step by Step）的改造方法、渐进性的历史街区更新，均体现对这样一种工作过程的认识。1973年，E. F.舒马赫（E. F. Schumacher）在论著《小就是美的》中指出："今天我们尝到了普遍盲目崇拜巨大规模的苦头，所以必须强调在可能采用小规模的情况下小规模的优越性。" C.罗伊和F.考特则在1975年共同出版的《拼贴城市》中认为，西方城市应该是一种小规模现实化和众多未完成目的的组成，有无数的自我完善的组团形成较小的和谐环境，形成了历史街区保护性开发中，以小规模产业引入、分阶段开发和渐进式改造为特点的渐进式更新模式。

1.3.2 各国历史文化城镇保护实践

在保护机制不断深化的同时，各国也在不断进行着历史城镇保护的实践，并且取得了很多有益的经验。

英国对历史古城巴思、契切斯特、切斯特和约克进行整座古城重点保护，同时英国还有大量的历史保护区，历史保护区指有特殊的建筑艺术和历史特征的地区，其保护强调的是一个地区的整体特色，而不是指某个建筑。无论是保护整座古城还是保护一个区域，都采取全面保护的方针，保护内容包括文物建筑的修缮、历史环境的保护，同时充分考虑了保护与经济发展的结合以及居民生活条件的改善，取得了良好的效果。

法国的历史文化遗产保护在一个世纪的发展中，保护的概念由单纯的文物建筑保护扩展到城市与乡村的整体保护。从21世纪开始，历史城镇保护的目标是使历史遗产保护的概念与城市发展的现实结合在一起。1962年颁布《马尔罗法》，确立了两个目标保护，文物建筑与其周围环境应一起加以保护，因为文物建筑的历史价值、美学价值及文化价值是和城市肌理密不可分的，对历史保护区的保护与利用应该为保护区焕发生机提供多种途径，规划不应局限于历史遗产的保护，同时要从城市发展的角度出发，利用各种合法有效的方法和手段，促进历史保护区合理的新陈代谢，完全保护、合理修整以及改造再利用都是可以采用的方法。

意大利在20世纪60年代中期成立了“历史文化古城”保护协会，为政府编制了《意大利古迹情况》的研究报告。1967年政府出台了新的《城市规划法》，其中制定了古城保护的条款，保护逐渐演变为从建筑本身到周围的历史文化环境，从一个单体到一组群体，从只限于材料的保护扩大到“整体文化资源”的概念。保护的原则和方法也相应起了变化。保护更加强调与利用的结合，注重保护古城整体环境，注重保护与发展的结合，从整体上创造高质量的生活环境，强调可持续发展意义上的保护。由此，名城罗马、佛罗仑萨、米兰、威尼斯等每年吸引着千百万游客前来观光。

美国佐治亚州是历史保护相当成功的州，其经验就是重视历史保护的社会经济意义。通过历史保护的契机进行地段、地区综合规划，实现资源的合理利用与加强地方经济发展，文化遗产旅游是历史保护的一项有效的保护资金。1996年，佐治亚州与历史相关的旅游消费达4.53亿美元，远远高于普通观光活动。文化生活消费、旅游与历史保护关系密切，通过旅游的经济回报和公众保护意识的增强又进一步支持了历史保护活动的开展，一些古老的旅店货栈被改造成单室住宅或过渡性住宅，为无家可归者和老年人提供住房，城市内的旧宅通过修复也进行低价出售，市区内低价、高质量住宅的提供将人口吸引回市区，从而复兴城市中心区及商业区，带动城市经济的恢复和繁荣。

在日本，20世纪60年代，由于推行高度的经济发展对策，致使很多历史环境遭到破坏，在专家、学者的呼吁下，政府将“保存、保护历史环境”问题提上了正题。1969年，日本制定了“新全国综合开发计划”，并于1975年修定了文物保护法，采取了“重要的传统建筑群保护地区的制度”。这些保护区主要指能与周围环境融为一体，有很高历史价值的传统建筑群。根据这项制度，截至2005年5月，已有54个地区被日本文化厅指定为重要的传统建筑群保护地区，相当一部分具有日本传统的历史地区由此得到有效的保护。传统建筑群保护地区的制度保护对象从当初的特殊历史地区已转变为代表性乡土景观，加上以城镇建设的核心——地方居民的积极参与为契机，这一制度越来越富有活力。由于日本的历史城镇保护所基于的基本理论是当地居民生活和环境的改善和提高，因而历史城镇保护成为地区振兴的事业之一，城镇经济得到了发展，居民的生活环境得到了很大的改善。

中国现阶段也涌现出诸多优秀的历史文化遗产保护实践案例。

超前准备，未雨绸缪。郑州新区在规划建设中高度重视地下地上文物遗址的保护，先勘探，再规划，使建设用地的布局能事先避开重要的地下地上文物遗址。著名高校和郑州文物部门合作，对城市总体规划未来预计建设发展的地区进行全面的勘查调研，制定了“郑州新区文物保护总体规划”，面积达1840平方千米，涉及853处文物保护单位和文物保护点，划定了可建设、不宜建设以及必须保护的区划，为后续的城市规划与建设提供了重要的依据。这对于那些地下埋藏特别丰富的历史文化名城尤为重要，名城要舍得花这个精力和经费，以免造成不可挽回的历史遗憾。

保护民居，继承传统。传统住宅的保护，全国绝大部分名城都没有做好，这是一个既新又老的大课题。在平遥古城中留有大量原生态的民居，这些土坯墙、木构架、瓦屋顶、锢窑式建筑如何改善居住条件？如何延年益寿？平遥古城米家巷12号典型住宅的试点保护和梁村的保护就是其中比较成功的案例，受到当地政府和老百姓的肯定。只有认真研究并取得实效才能切实地保护这些传统建筑，并使其赋予新的生命，不至于变成古董而逐渐老死。

发动群众，全民助力。遗产保护应该是全民的事，只有每一个公民都认识到历史文化遗产的价值及保护的意义后，才能真正做好保护的事。而现在人们普遍认为保护只是政府的事，在我国，民间保护力量才刚刚兴起，政府支持也不够，如：襄樊拾穗者民间文化志愿者工作群、天津遗

产保护志愿者团队、老北京拍摄记者队、中国记忆网、上海古建保护网、冯骥才民间文化基金会和阮仪三城市遗产保护基金会等。这些基金会筹的钱比较少，只能支持一些交流、教育、调研、培训等事项。基金会特别支持青年的保护志愿活动，因为保护的最终目的是传承，青年是主力军，是接班人。

跟踪规划，不离不弃。现在有许多名城都有保护整治的要求，特别是一些新申报的名城名镇，其中政绩的要求比较突出，要有实效，要即时即刻地出效果，急于求成，许多名域的历史遗址及文化遗迹等都以景点、景区的面目出现。历史遗产保护规划不能急于求成，要认真做好规划，做好设计，找好的施工队伍和懂行的工匠，筹备必要的资金，没有条件要等到有条件时再上。如平遥古城是1980年做的规划，周庄古镇是1986年做的保护规划，在这以后规划团队一直跟踪，有修缮和建设项目就及时补充修订，直到1996年以后才逐步呈现出规划的实效。苏州平江历史街区是从1995年开始做的保护规划，其中平江路是2003年开始实施保护整治项目，在实施中一直跟踪设计，不断调整补充，直到现在还在进行。在这个过程中负责保护工作的平江区政府就曾受制于上层领导和舆论的压力，要大力发展商业旅游，要尽快出经济效益。这时专家坚决守住文化遗产保护的底线，才使平江路没有沦为一般的旅游商业街区，而成为文化气氛浓郁、历史风貌原生的文化街区。

同样，丽江古城成为世界遗产后重点研究遗产保护与管理，研究制定原住民留存和传统民居整修的相关制度。上海的思南公馆，从1992年开始做历史街区保护规划，前后经过数次反复，直到2010年才实施完成整修，呈现出完整的历史风貌。

1.3.3 国外历史文化遗产保护实践的经验启示

一是突出民众主体地位，发挥民间组织在文化遗产保护中的积极作用。文化遗产保护先进国的经验显示，民众保护意愿的激发和民间组织力量的彰显，对政府文化遗产保护行动具有重大的意义。社会力量的参与，对一个国家文化遗产保护来说是不可或缺的，因为没有一个国家的政府仅凭一己之力就能做好文化遗产保护工作；与此形成的巨大反差是，我国的文化遗产保护至今主要还是一种政府行为，几乎所有的文化遗产保护组织和研究机构都属于政府，由于财力不足人才匮乏，加之公益事业单位职数上的限制，应对中国浩瀚的文化遗产保护始终力不从心，而政府几乎包揽了所有的保护工作，公众参与其中的积极性受到挫伤也就在所难免。毋庸置疑，在文化遗产保护中，政府的作用确实至关重要，没有各级政府的支持和保障，文化遗产保护工作将一事无成，但这并不意味着各级行政部门就因此必须大包大揽，事实证明，这样做的后果只能是工作的低效，所以顺应世界文化遗产保护发展的趋势和潮流，突出民众主体地位，有效发挥民间组织在文化遗产保护中的积极作用，鼓励和扶持民间社团，动员社会力量参与到文化遗产保护之中才是明智之举，这不仅有利于公众意见的表达与利益的协调，而且该做法不失为缓解国家财政压力和就业压力的有效渠道。对此，政府需在以下几方面做努力：

（1）充分肯定大众和民间组织在文化遗产保护中的地位，给予他们在制定有关遗产政策中的参与权；（2）加大政府文化遗产保护工作的透明度，广泛听取公众意见，切实接受公众监督，积极进行政府和民间的互动，真正把文化遗产保护事业办成老百姓看得见、摸得着、能共享的基础工程；（3）提供政策支持和必要的经费保障，对热心文化遗产保护并作出贡献的个人或组织，在工商、税收、信贷等方面给予一定优惠，设立政府专项基金，为民间组织的发展提供必要的资金支持；（4）建立健全激励机制，对公众的公益情怀奉献精神和做出的努力进行奖励表彰，调动公众投入文化遗产保护的积极性，促进社会公序良俗的形成；（5）因地制宜地研究符合地方情况的文化遗产保护做法，促进民众参与形态的多元化探索；（6）加强对文化遗产保护民间组织的管理，做好登记注册和组织协调工作，整合社会资源，搭建交流平台，加强组织和组织之间、个人和个人之间的沟通和协作等。

二是调整政府管理职能，构建有利于民间文化遗产保护的良性机制。世界文化遗产保护的发展趋势和我国文化遗产保护的现状，决定了我国文化遗产管理将面临一场较大的变革，作为文化遗产终极管理者的政府，其管理工作是否高效显得尤为重要。由于我国政府的支配意识与公众对政府的期待意识远远强于其他国家和地区，因此所有问题的核心似乎归结为一点，那就是各级政府对待文化遗产究竟该持一种什么样的理念，又准备将文化遗产保护引向何方？作为文化遗产终极管理者的政府要应对这场文化遗产管理体制变革。除解决好政府文化遗产管理专门机构问题，建立一套更完善的将各股分散力量整合在一起的一元化管理系统外，还应重点处理好政府职能的调整问题。政府应当从遗产直接的事务性微观管理中抽离出来，将精力集中于宏观层面的管理，即致力于为文化遗产事业的发展把握方向；致力于法规标准政策的制定和提供经费上的支持；致力于对文化遗产管理单位的管理和经营行为进行监督；致力于对其绩效进行评判；致力于营造良好的社会环境，并建立相应的激励机制。至于那些可以社会化的事务，则应放权于社会，特别是非物质文化遗产的保护，应该坚持“民间事民间办”的原则，在文化遗产保护中“还权于民”，让环境社会和文化的真正主人能有效管理自身事务，为本民族的文化命运做主，并对伤害他们的决策享有否决权，对伤害他们的官员享有罢免权，这样做的好处，不但能最大限度地调动民间社会的积极性，节省政府开支，还可最大限度地保护民族文化的本色及文脉。近年来因官方不了解文化遗产传承规律而将活生生的“民俗”变成千篇一律的“官俗”的事例并不鲜见，我们当以此为鉴。当然，文化遗产保护放权于民间并不等同于完全放任于民间，政府适度干预依然是必要的。此外，为确保文化遗产保护工作落到实处并具有成效，将文化遗产保护纳入地方主要领导的政绩考核，也不失为行之有效的办法。

三是合理配置资源，促进民间文化遗产保护机构间的分工与合作。

文化遗产涵盖了多个学科领域，如果每一个研究机构不论大小，都要使自己“五脏俱全”的话，势必会加重政府的财政负担，我们应当利用文化遗产大部分公有的条件，有选择地进行资源的集中与调配，在建立一个到数个国家性研究中心的同时，可鼓励和扶持一批“术业有专攻”的民间社团组织，形成文化遗产保护的互补格局，以最低的消耗达到目标。在文化遗产保护先进国，政府文化遗产保护职能部门得到了来自专业组织机构的全面协助，这些机构或协助政府制定政策，或为政府决策提供技术咨询，或直接参与政府所统管的国有文化遗产登录、审查、保护、管理和维护工作，成为政府文化遗产保护工作的重要助手，有效避免了政府决策失误。当然，培育这样的社团组织是有一定难度的，首先要解决好以下两大问题：一是复合型文化遗产管理人才的培养问题，二是对遗产单位的管制问题。从复合型文化遗产管理人才的培养来看，现代遗产单位的管理者除需具备相应的遗产保护专业知识外，还需要懂得遗产服务的经营，这种复合型文化遗产管理人才在我国尤为稀缺。对此可以有两种解决途径，近期的做法是可以对文化遗产领域的传统管理者进行经营培训，或从商业领域引入经营人才再进行文化专业知识培训。长期的做法则是，可通过增设高等学校文化遗产保护专业，培养文化遗产服务与经营管理等方面的专业人才来解决。从文化遗产单位的管制来看，在进一步严格法律保护的前提下，应放宽对文化遗产单位的过度管制，不要纠缠于文化遗产产权的国有、私有问题，鼓励所有权与经营权分离，为文化遗产“托管”扫除障碍。为谨慎起见，可先行在国有文化遗产事业单位进行试点，即在确定其年度预算的前提下，充分放权，实行“准自治化”管理，鼓励其朝社团组织的方向发展，并以此培训下一代真正意义上的民间组织团体。

分工意味着合作，合作才能最大限度地凝聚社会力量，只有民间组织保持平等、自觉、自愿的合作关系，才能让民众中开始萌生出公益力量，发挥出联动的社会价值，为避免私心者破坏同盟，提供成熟的制度保障，以确保合作各方实现共赢是十分必要的。在这方面，法国文化遗产保

护机构间的良好合作，就得益于其制度的健全。多年来，法国博物馆研究与修复中心一直免费为全国公立文化遗产机构的藏品进行保护修复，博物馆将受损文物送到法国遗产学院，长期为学生们提供实习对象，遗产保护单位则为遗产学院的毕业生提供实习机会，学生的毕业论文遗产学院均在国际文化财产保护与修复研究中心的图书馆备份。与之对照，我国文化遗产保护机构间的合作差强人意，争抢人才却无用才之地，一边是置于仓库任其腐蚀毁坏的文物，一边则是为没有充分充足实习材料而苦恼的学生，之所以形成这样的局面，原因很多，但缺乏可靠的制度保障显然是最重要的一个因素。对此，我们不仅要加强法治力量，制定更加合理适用的遗产保护律令，还要在强调法律和政策层面上全国性统合的基础上，给予地方政府和民间组织一定的政策灵活性和执行的弹性空间，并尽可能兼顾各方利益。

四是加强文化遗产教育，激发民众保护文化遗产的自觉意识。建立与可持续相适应的道德观、价值观，是实现可持续保护最深厚、最持久的内在动力。光靠制度强制实施的办法，远不如潜移默化的教育效果来得直接。因此，从教育入手，从公民的道德培养入手，从公民的文化素养入手才是最长久之策。在社会教育方面，各国政府主导的以文化遗产保护为内容的活动开展得有声有色，如法国在这方面就有不俗的表现，卢浮宫学院常年为公众授课，财产保护与修复研究中心频频开展公众项目，各类博物馆为实现“开民智而悦民心”所做出的种种努力均取得了良好的社会效应。近年来，我国在这方面也做了不少工作，如设立“文化遗产日”，举办中国非物质文化遗产保护成果展等举措，虽起到了一定的作用，但保护绩效还有待其他措施来加以补充，尤其是课堂教育。稳定的课堂教育往往会使人们的保护意识形成基本的道德观念和稳定的伦理规范，道德的力量显然要远比法规众多而缺少执法意愿奏效得多。在这方面，美国采取的开放式教育就很值得我们借鉴。在美国，文化遗产被纳入中小学重要课堂书本中，凡涉及文化遗产方面的内容，都会尽可能组织学生到相应的文博馆或遗产地去进行现场教学。这种文化遗产教育不再是单一的走马观花式的参观，而完全是引领学生去感受一次生动的文化熏陶，这种让文化遗产活起来的做法，显然能唤起孩子们对文化遗产的珍视。与美国相比，身为文化遗产资源大国的中国在这方面应该有条件做得更好，目前可做的工作也很多，除了鼓励各级各类学校将文化遗产教育列入教学计划，设置相应课程，加强青少年遗产知识的科普外，还应充分借助社会新闻媒体的力量，通过开展一系列有助于提高公众文化遗产保护意识的活动，营造出一个能与学校教育形成良好互动关系的社会环境，让文化遗产保护成为人们生活的一种习惯、一种风尚。此外，最大限度地发挥现有文博馆和遗产地的教育宣传作用，不仅展示内容要丰富多彩，展示的手段也应新颖别致，要让参观者真正感受到文化的魅力。

本章小结

本章包括三方面内容：国际历史城镇保护的宪章及保护共识；英国、法国、日本等国文化遗产保护的机制；国外历史城镇文化遗产保护的实践历程与经验启示。主要介绍和阐述了国外历史城镇保护与更新的理论主体、实施机制及经验总结。

思考题

1. 目前与历史城镇保护更新相关的国际宪章主要有哪些？具体内容是什么？
2. 英国、法国、日本的文化遗产保护与更新机制有何区别和相同之处？
3. 从国外的历史城镇保护与更新实践经验中，我们可以学习到哪方面的知识？

第二章
国内历史城镇保护与更新的相关概念及研究趋势

本章内容重点：中国历史城镇保护与更新的相关概念、研究趋势及指导思想。

本章教学要求：理解和掌握中国历史城镇保护与更新的相关概念，理解国内历史城镇保护与更新的理论研究趋势，了解中国历史城镇保护与更新的指导思想。

2.1 国内历史城镇保护与更新的相关概念

2.1.1 概念的区别

2.1.1.1 历史文化名城的概念

《中华人民共和国文物保护法》中提出，历史文化名城是指保护文物特别丰富，具有重大历史文化价值和革命意义的城市。从行政区划上看，历史文化名城并非一定是“市”，也可能是“县”或“区”。

2.1.1.2 历史城镇的概念

城镇即城市与村镇，历史城镇即包含一定历史信息的城市与村镇。历史城镇概念的产生与应用，是历史文化遗产保护工作的分化、细化、专业化在城市规划学科中的体现，其在内容上应属于历史文化遗产的组成部分。“历史城镇”与“历史城市”的区别在于规模的大小，在谈及历史城

镇时对其地域的界定常常比较模糊，但在具体确定规划范围时却又借助于行政区划的界限。“历史城镇”在概念和范围上可包含“历史城市”“历史地段”“历史文化名城”“历史文化保护区”“历史街区”的内容。

2.1.2 历史城镇保护与更新的含义

随着城市化进程的不断加快，到2019年中国的城市化率已突破60%。在以城市化为推动力的城市更新改造过程中，许多历史城市包括历史文化名城在内，城市面貌均发生了迅速的改变。现在全国范围内保存较为全面的历史城市屈指可数。同时，伴随城市化进程不断加快，城市数量在不断发生着改变，中国的自然村数量也在发生改变。在2000年，中国的自然村总数为363万个，到2010年锐减为271万个，仅仅10年就减少了92万个，平均每天消失80到100个村落，这些消失的村落中有多少具有文化保护价值的传统村落，无人知晓。伴随着农村建设、美丽乡村建设等一系列乡村建设政策的先后实施，乡村中尚存的具有保护价值的历史信息也岌岌可危。

历史城镇的保护就是在保存历史文化城镇物质遗产（如民居、街道、桥梁）的同时，保护城镇建筑群背后深厚的文化底蕴、历史性环境。早在1972年，联合国教科文组织第17次全会制定的《文化遗产及自然遗产保护的国际建议》前言中提到：“在生活条件迅速变化的社会中，能保持自然和祖辈留下来的历史遗迹密切接触，才是适合人类生活的环境，对这种环境的保护，是人类生活均衡发展不可缺少的因素。因此，在各个地区的社会中，充分发挥文化及自然遗产的积极作用，同时把具有历史价值的自然景观的现代东西都包括在统一的综合政策之中，才是最合适的。”所以，历史文化城镇的保护对我们了解历史、传承传统文化、丰富现代生活、促进社会多样性发展都有着重要的意义。保护历史文化城镇是人类生活均衡发展的需要，是人类社会发展的必然结果。

城市化进程不断加快的趋势是不可逆转的，城市化对城市的更新推

动作用也是不可否定的。如何在城市与乡村和谐发展的基础上，又能有效地保留城市、乡村的历史信息，历史城镇的保护与利用就显得尤为重要。

2.1.3 历史城镇的范围

历史城镇的范围界定为中华人民共和国行政范围内所有的市和镇，同时还可以包括中国历史上出现的都城、府城、郡城等规模较大、影响力较高的古城所对应的现在的市、镇，还可以包括乡土聚落、少数民族村寨和普通村庄。

2.2 中国历史城镇保护与更新的趋势与动态

我国对历史文化遗产的保护初始于对文物建筑的保护，然后发展成为对历史文化名城的保护，后来在此基础上增加了历史街区保护的内容，最后形成多层次的历史文化遗产的保护体系。

2.2.1 中国历史城镇保护与更新的理论沿革

总体而言，近20年来，国内关于历史城镇保护规划实施的研究动态主要体现在以下几个方面：

2.2.1.1 早期——名城名镇保护制度的建构与探索

我国多层次的历史城镇保护体系自20世纪80年代开始建立。1982年2月，“历史文化名城”一词首次在国务院转批国家建委等部门《关于保护我国历史文化名城的请示的通知》中提出。同年11月，《文物保护法》明确历史文化名城是“保存文物特别丰富，具有重大历史价值和革命意义的城市”。同一时期，罗哲文（1982）、李雄飞（1982）、郑孝燮（1983）、张祖刚（1983）等从学术角度对这一定义进行了解析，提出了以文物保护为核心，涵盖宏观与微观、有形与无形的综合性城市保护概念。安永瑜（1984）、王健平（1984）、赵士绮（1986）、肖桐（1986）、汪志明（1987）

等讨论了保护历史文化名城的主要内容和问题。

我国历史文化名镇保护研究则起源于20世纪80年代初期阮仪三（1988）主持开展的江南水乡古镇保护规划编制。此后，大批学者在名城名镇保护制度建构与实践探索研究中取得了大量丰硕的研究成果，如敢峰（1988）、李国恩（1989）、王崇华（1989）、阎崇年（1990）、孙平（1992）、李锦生（1992）、奚永华（1992）、董鉴泓（1992）、朱自煊（1994）、王景慧（1994）、黄光宇（1994）、吴明伟（1999）等。

此后至20世纪末的10多年，历史文化名城名镇的理论研究重点在于探索完善保护制度。在政策上，从1982年名词提出至1997年建设部转发《黄山市屯溪老街的保护管理办法》，我国已初步确立了与历史文化名城这一概念相对应的本土化保护体系，即文物保护单位、历史文化街区和历史文化名城三个层次的城市文化遗产保护体系，并针对各层次明确了保护内容与方法。2002年《文物保护法》明确提出要对历史“城镇、街道、村庄”进行保护；2003年第一批中国历史文化名镇名录公布。在2007年城市文化国际研讨会暨第二届城市规划国际论坛通过了《城市文化北京宣言》，从更宏观的战略视角重新诠释了历史文化名城名镇保护与发展的涵义，为其保护路径优化的探索指明了新方向。2008年，《历史文化名城名镇名村保护条例》开始实施，标志着我国政府对历史文化名城名镇审核、开发与保护工作又上了一个台阶，使得保护工作更加有法可依，有章可循。

2.2.1.2 中期——历史城镇保护与更新研究探索

自20世纪90年代末至21世纪初，有关历史城镇保护与更新的研究出现多元化的趋势，大致分为三类：一是整体系统化保护方向，即文化遗产保护方向的研究主要从国际遗产保护宪章和国际历史城市的成熟保护体系与制度中吸取经验，强调将每一项遗存放在文化体系、历史链条中去认识其价值，从而对历史文化遗产及其环境进行“综合整体”式的保护，如赵燕菁（2001）、赵中枢（2002）、段进（2002）、陈业伟（2004）、杨宏烈（2006）、贾鸿雁（2007）、黄家平（2012）、赵勇（2013）、张泉（2014）等。

二是旧城更新方向，即以吴良镛先生“有机更新”的理论为引导，对国内的老城更新进行研究，提出应对旧城更新进行系统控制，认为经济因素已经成为历史城区更新的客观主导性因素，认为市场经济驱动下的历史城镇更新应进行小规模、渐进式的更新改建方式，如阳建强（1994）、孙敬宣（1996）、张杰（1996）、董卫（1996）、叶如棠（1996）、杨永康（1996）、王林（1998）、顾晓伟（1998）、耿慧志（1998）、张松（1999）、李东（1999）、陈业伟（2004）等。三是在交叉学科（如经济、社会、文化等）领域进行拓展研究，如周霞（2005）、吴强（2007）、孙萍（2008）等。

2.2.1.3 近十年来的实证型研究

实证型研究主要体现在对国内各历史城镇保护规划的项目实践和实施的总结性、阶段性的实证型论述与定性研究，翟辉、任洁、杨大禹、顾文悦、李婧、佟亚晅、任栋、程海帆、夏红娟、郭润葵、白雪、刘雅静、郜华、夏丽卿、罗瑜斌等都采用了这样的实证型研究方式，即以具体的保护实践项目为基础，运用保护规划实施效果评价和项目后评价相关理论，对具体历史城镇、文化遗产、历史地段等实际遗产保护项目的原真性、完整性及社会延续性等进行定性评估，探索研究保护与更新的适宜路径。其中，翟辉、任洁、杨大禹、程海帆、李洋、高雪梅、李靓、程露、魏璇、赵晓君、杨柳等针对云南历史城镇、历史街区保护规划的实施进行了实证型的研究与探索。

2.2.1.4 近十年来的交叉型研究

交叉型研究的特点是，研究者普遍运用了多学科交叉（包括景观文化学、社会学、经济学、文化生态学、旅游学、规划管理学等）的视角，通过反复实地踏勘调研及大量的田野式社会调查，结合一定的保护规划项目，对历史城镇、历史街区等文化遗产的保护规划实施状况进行定性或者定性与定量相结合的评价研究，例如张兵、李和平、保继刚、肖竞、王颖、陈靖敏、刘渌璐、李天扬、孙莹、邢西玲、肖瑶、赵敏、顿明明、李津莉、苗想想、陆依依等。这样的研究类型往往以问题为导向，对历史城镇、地段、文化遗产的演进规律进行多学科交融的总结和梳理，研究总结规划实施的复杂性、规划编制的失效原因、实施机制的变化以及相关规划管理和法规的建设，并以此提出相应的对策和建议。其中，王颖、赵敏、李梅、徐敬瑶等对云南典型历史城镇的保护规划实施状况进行了交叉型的综合研究。

2.2.1.5 近十年来的数据型研究

数据型研究主要是根据历史城镇保护规划实施评价的主要内容，借助ARCGIS等工具，采用AHP层次分析法或者模糊德尔菲法，通过权重咨询和数理计算，构筑量化的评价指标体系和数据模型，从而对历史城镇、历史地段、文化遗产保护规划的实施进行量化的数据型评价研究。主要研究者有李伟平、董文丽、邱李亚、白惠如、温晓蕾、黄勇等。数据型研究的重点集中在设立数理模型，根据不同的权重计量方式进行数据演算，由此得出对历史城镇保护规划实施及保护更新状况的量化评价。

综上所述，国内关于历史城镇保护规划的评价研究领域主要集中在实证评价、交叉学科、数据量化三方面。三种研究类型均主要集中在对保护规划实施的成果性评价研究领域。数据量化研究大多注重对各项指标的计算和量化处理，与实证型、交叉型的研究结合略显不足。

综上所述，可以清晰地看到国内有关历史城镇保护与更新的概念并不是一成不变的：它已经从过去对单体建筑的静态保护发展为广泛地、动态地保护历史建筑及其周围环境（即历史地段），再到历史文化名城（镇）的“整体性保护”，最终发展为“保护与更新发展并重”，即不仅要求保护历史环境的有形层面，还应该保护生活形态、文化形态、场所精神等无形层面；不仅要实现历史城镇的保护，还应该正视其更新与发展良性化，实现社会、人文、经济的和谐共生。

2.3 中国历史城镇保护与更新的指导思想

历史城镇的保护与发展离不开保护技术与机制保障等方面的不断探索，其指导思想应为：保护优秀的历史文化遗产，保护独具特色的古城、古镇风貌，充分挖掘和发扬历史城镇的传统文化，充分协调保护更新、发展旅游、改善生活的关系，制定具有可持续发展意义的保护建设规划。在以下方面需要重点予以关注：

一是做好“后备军”工作，对于那些符合名城申报标准、地方态度积极的历史城市，应鼓励和支持申报历史文化名城，采取高标准保护力度，不断扩充名城数量。

二是研究建立历史城市的相关概念与保护制度，提出明确的保护制度与技术标准，以丰富“历史文化名城”体系。

三是加强历史城市群整体保护，从全域角度开展体系化保护工作。具体包括：深挖城市群的发展逻辑与历史痕迹，保护不同时期的区域聚落考古遗址和行政、军事、经济等复合型功能聚落；延续基于山水环境的聚落（群/体系）建构逻辑和物质形态，理解山水对标关系，保护具有文化景观地标性质的山水要素；从国土空间视角保护大尺度、复合型文化遗产，如大型文化景观（有文化含义的山体等地形地貌、地上地下水系）、连接城市群物资与移民的历史廊道（驿道、铁路、河道等）；识别并强化共同的区域文化认同，如地方普遍的庆典、节日与习俗等。

四是加强历史城市价值特色挖掘与保护利用。具体包括：对历史城市进行全面的价值特色评估，研究历史城市不同时期聚落发展形态的清晰界定与控制，为展现历史格局提供依据；开展定期评估认定、严格保护历史城市内代表不同历史时代功能与形态的建成片区与建筑；合理借鉴和引入历史文化名城的保护技术，应用于不同情况的历史城市。

五是重视历史城市中的城市设计与建筑设计工作。具体包括：将历

史城市的山水格局、城垣格局、街巷格局、风貌特征、保护要素作为城市设计必须考虑的内容，并指导地方重要建筑设计；通过学习传统城市营建与山水环境和谐共生的价值观，包括生态、安全、文化、景观等内容，并用来指导城市的新建与更新改善。

本章小结

本章主要介绍国内历史城镇保护与更新的相关概念，分析了历史城镇保护与更新的含义，阐述了中国历史城镇保护与更新的趋势与动态，论述了中国历史城镇保护与更新的指导思想。

思考题

1. 历史文化名城的概念是什么？历史城镇的概念是什么？
2. 我国历史城镇保护与更新经历了哪几个阶段？请简要说明。
3. 请简要说明我国历史城镇保护与更新的指导思想。

参考文献

[1] 翟辉，张宇瑶.传统村落的“夕阳之殇”及“疗伤之法”——以云南省昆明市晋宁县夕阳乡一字格传统村落为例[J].西部人居环境学刊，2017，32(04)：103-109.DOI：10.13791/j.cnki.hsfwest.20170417.
[2] 任洁.丽江古城保护及可持续发展——浅谈丽江城市建设中的古城保护[J].四川建筑，1999(02)：35-37.
[3] 杨大禹.云南特色城镇的保护策略[J].昆明理工大学学报(理工版)，2008，33(06)：66-71.
[4] 顾文悦.武汉历史文化名城保护规划实施评估研究[D].华中科技大学，2012.
[5] 李婧.翠亨历史文化名村保护规划的实施评价研究[D].华南理工大学，2011.

[6] 佟亚晅.湖北省襄阳市历史文化名城保护规划评估研究[D].西安建筑科技大学，2016.
[7] 任栋.历史文化村镇保护规划评估研究[D].华南理工大学，2012.
[8] 程海帆.通海传统街区的保护与开发研究[D].昆明理工大学，2007.
[9] 夏红娟.历史文化名村保护规划实施效果评价研究[D].河北师范大学，2015.
[10] 郭润葵.太平街历史文化街区保护规划实施与管理对策[D].国防科学技术大学，2008.
[11] 白雪.北京焦庄户历史文化名村保护历程及其实施评价研究[D].北京建筑大学，2014.
[12] 刘雅静.磁器口历史街区保护过程与绩效评价[D].重庆大学，2009.
[13] 刘剑，王敏，徐新云，傅晶，李金蔓，闫金强，郜华，孟菲.系列遗产“土司遗址”保护管理规划探索[J].中国文化遗产，2014(06)：114-117.
[14] 夏丽卿.《上海市历史文化风貌区保护规划实施评估——以衡复风貌区实践为例》的评价意见[J].城乡规划，2017(2)：1.
[15] 罗瑜斌.珠三角历史文化村镇保护的现实困境与对策[D].华南理工大学，2010.
[16] 李洋，杨大禹，施润，刘欢，李东海.云南历史文化村镇保护研究——以通海河西镇为例[J].昆明理工大学学报(社会科学版)，2013，13(05)：88-94.DOI：10.16112/j.cnki.53-1160/c.2013.05.005.
[17] 高雪梅，周杰，周浩.由“城市双修”再看昆明——苏黎世合作老城保护方案[J].中国名城，2018(04)：83-87.
[18] 李靓.云南历史小镇的物质空间环境及其保护[D].昆明理工大学，2012.
[19] 程露.历史街区保护性利用模式研究[D].昆明理工大学，2009.
[20] 魏璇.云南会泽历史街区及传统民居的保护与更新设计研究[D].西安建筑科技大学，2016.
[21] 赵晓君.昆明市“飞虎队”遗产保护与再利用规划研究[D].昆明理工大学，2015.
[22] 杨柳.会泽历史文化名城西内街历史商业街区保护更新策略[D].西安建筑科技大学，2016.
[23] 张兵.历史城镇整体保护中的“关联性”与“系统方法”——对“历史

性城市景观”概念的观察和思考[J].城市规划，2014，38(S2)：42-48+113.
[24] 李和平.重庆历史建成环境保护研究[D].重庆大学，2004.
[25] 朱竑，戴光全，保继刚.历史文化名城苏州旅游产品的创新和发展[J].世界地理研究，2004(04)：94-101.
[26] 肖竞，曹珂.英国保护区评估方法解析——以格拉斯哥历史中心保护区评估为例[J].国际城市规划，2020，35(01)：118-128.DOI：10.19830/j.upi.2017.484.
[27] 王颖.历史街区保护更新实施状况的研究与评价[D].东南大学，2015.
[28] 陈靖敏.基于社会网络保护与延续的历史街区综合评价体系初探[D].华南理工大学，2012.
[29] 刘渌璐.广府地区传统村落保护规划编制及其实施研究[D].华南理工大学，2014.
[30] 李天扬.历史文化名镇保护规划实施评价研究[D].哈尔滨工业大学，2014.
[31] 本刊编辑部，孙莹，王月琦，吴丹."新常态下的城乡遗产保护与城乡规划"学术座谈会发言摘要[J].城市规划学刊，2015(05)：1-11.
[32] 邢西玲.城镇化背景下西南历史城镇文化景观演进与保护研究[D].重庆大学，2014.
[33] 肖瑶.川江流域历史城镇码头地段文化景观的演进与更新[D].重庆大学，2014.
[34] 赵敏.旅游挤出效应下的丽江古城文化景观生产研究[D].云南大学，2015.
[35] 张松，阮仪三，顿明明.荆州历史文化名城保护规划措略[J].华中建筑，2001(01)：82-88.DOI：10.13942/j.cnki.hzjz.2001.01.026.
[36] 李津莉.规划管理视角下天津历史文化街区保护规划实施评价[J].上海城市规划，2016(05)：19-25.
[37] 苗想想，殷举英，罗言云.历史城镇的文化商业旅游发展模式[J].城市问题，2008(10)：54-58.
[38] 陆依依，李洁.国内历史城镇保护和旅游发展问题研究进展[J].桂林旅游高等专科学校学报，2007(03)：461-465.

[39] 李梅.我国历史文化名镇保护的立法研究[D].西南政法大学，2014.
[40] 徐敬瑶，毛志睿.一个传统哈尼村寨的开发历史反思——以云南省元阳县箐口村为例[J].价值工程，2016，35(09)：198-201.DOI：10.14018/j.cnki.cn13-1085/n.2016.09.078.
[41] 李伟平.基于BIM(建筑信息模型)技术的历史街区综合安全研究[D].天津大学，2012.
[42] 董文丽，李王鸣.历史文化名城保护规划实施评价研究综述[J].华中建筑，2018，36(01)：1-5.DOI：10.13942/j.cnki.hzjz.2018.01.001.
[43] 邱李亚.历史地段更新中人文环境的延续[J].建筑与文化，2016(08)：199-201.
[44] 白惠如.基于AVC理论和GIS技术的五凤古镇景观规划[D].四川农业大学，2014.
[45] 温晓蕾.基于ArcGIS Engine的历史街区保护管理信息系统的研究与开发[D].西南大学，2008.
[46] 黄勇，石亚灵，冯洁，王亚风.历史街区的社会网络保护评价与研究——以重庆偏岩镇、白沙镇与宁厂镇为例[J].重庆师范大学学报(自然科学版)，2017，34(05)：134-140.

第二部分 —

中国历史城镇保护与更新

第三章
中国历史城镇保护与更新对象范围及措施方法

本章内容重点：中国历史文化遗产的保护对象范围、历史城镇保护利用的原则要求与措施方法、历史文化名城名镇的申报与管理办法。

本章教学要求：理解和掌握历史文化名城的保护对象，掌握国内历史城镇保护利用的原则要求与措施，了解中国历史文化名城名镇的申报相关内容。

本章主要介绍中国历史城镇保护更新对象范围与措施方法，首先介绍了中国历史文化遗产保护的对象范围，其次阐述了中国历史城镇保护利用的原则要求与措施方法，最后介绍了中国历史文化名城名镇的申报过程与规定要求。

3.1 中国历史文化遗产的保护对象范围

我国是历史悠久的文明古国。在漫长的岁月中，中华民族创造了丰富多彩、弥足珍贵的文化遗产。文化遗产包括物质文化遗产和非物质文化遗产。物质文化遗产是具有历史、艺术和科学价值的文物，包括古遗址、古墓葬、古建筑、石窟寺、石刻、壁画、近现代重要史迹及代表性建筑等不可移动文物，历史上各时代的重要实物、艺术品、文献、手稿、图书资料等可移动文物，以及在建筑式样、分布均匀或与环境景色结合方面具有突出价值的历史文化名城（街区、村镇）。非物质文化遗产是指各种以非物质形态存在的，与群众生活密切相关、世代相承的传统文化表现形式，包括口头传统、传统表演艺术、民俗活动和礼仪与节庆、有关自然界和宇宙的民间传统知识和实践、传统手工艺技能等以及与上述传统文化表现形式相关的文化空间（2005年12月22日，国务院关于加强文化遗产保护的通知，国发〔2005〕42号）。（表3-1）

历史文化名城的保护对象　　表3-1

保护对象	物质要素	历史文化名城的格局和风貌
		与历史文化密切相关的自然地貌、水系、风景名胜、古树名木
		反映历史风貌的建筑群、历史街区、名镇名村等
		各级文物保护单位、登记不可移动文物、历史建筑等
	非物质要素	民俗精华、传统工艺、传统文化等

资料来源：作者整理

城市是历史文化发展的载体，每个时代都在城市中留下了自己的痕迹。保护历史的连续性、保存城市的记忆是人类现代生活发展的必然需要。经济越发展，社会文明程度越高，保护历史文化遗产的工作就越显重要。《中华人民共和国城乡规划法》第四条规定，制定实施城乡规划，应当保护历史文化遗产，保持地方特色、民族特色和传统风貌。第三十一条要求对于城市旧城区的改建，应当保护历史文化遗产和传统风貌，合理确定拆迁和建设规模，有计划地对危房集中、基础设施落后等地段进行改建。《城乡规划法》明确要求自然与历史文化遗产保护等内容，应当作为城市总体规划、镇总体规划的强制性内容。

对于“保存文物特别丰富并且具有重大历史价值或者革命纪念意义的城市”，由国务院核定公布为“历史文化名城”。保存文物特别丰富并且具有重大历史价值或者革命纪念意义的城镇、街道、村庄，由省、自治区、直辖市人民政府核定公布为历史文化街区、村镇，并报国务院备案（《中华人民共和国文物保护法》第十四条）。

历史文化名城和历史文化街区、村镇所在地的县级以上地方人民政府应当组织编制专门的历史文化名城和历史文化街区、村镇保护规划，并纳入城市总体规划（《中华人民共和国文物保护法》第十四条）。历史文化名城、名镇、名村的保护应当遵循科学规划、严格保护的原则，保持和延续其传统格局和历史风貌，维护历史文化遗产的真实性和完整性，继承和弘扬中华民族优秀传统文化，正确处理经济社会发展和历史文化遗产保护的关系（《历史文化名城名镇名村保护条例》第三条）。

3.2 中国历史城镇保护利用的原则要求与措施方法

3.2.1 历史文化名城名镇名村保护基本原则

历史文化名城名镇名村保护基本原则包括：

（1）正确处理遗产保护与经济发展的关系。历史文化城镇与文物保护单位最大的区别是历史文化城镇是在继续向前发展的，在为保护历史文化遗存创造有利条件的同时，我们还应推动城镇发展，以适应城镇经济、社会发展和满足现代生活和工作环境的需要，使保护与建设协调发展。

（2）文化遗产保护优先原则。文化遗产保护应当突出重点，即保护文物古迹、风景名胜及其环境；对于具有传统风貌的商业、手工业、居住以及其他性质的街区，需要保护整体环境的文物古迹集中的区块，特别要注意对濒临破坏的历史文化遗产的抢救和保护，以免遭继续破坏。对已不存在的“文物古迹”一般不提倡重建。

（3）注重保护历史文化遗产的历史真实性、历史风貌的完整性以及生活的延续性。保护历史文化城镇内的文物古迹，保护和延续古城、古镇、古村的历史风貌特点。

（4）应分析城镇的历史演变、性质、规模及现状特点，并根据历史文化遗产的性质、形态、分布特点，因地制宜地确定保护对象和保护重点。

（5）继承和弘扬无形的传统文化，使之与有形的历史文化遗产相互依存、相互烘托，促进物质文明和精神文明的协调发展。

3.2.2 保护措施

《历史文化名城名镇名村保护条例》(2017修正)规定了历史文化名城名镇名村保护措施：

(1)历史文化街区、名镇、名村核心保护范围内的消防设施、消防通道，应当按照有关的消防技术标准和规范设置。确因历史文化街区、名镇、名村的保护需要，无法按照标准和规范设置的，由城市、县人民政府公安机关消防机构会同同级城乡规划主管部门制订相应的防火安全保障方案。

(2)城市、县人民政府应当对历史建筑设置保护标志，建立历史建筑档案。历史建筑档案应当包括下列内容：

建筑艺术特征、历史特征、建设年代及稀有程度；

建筑的有关技术资料；

建筑的使用现状和权属变化情况；

建筑的修缮、装饰装修过程中形成的文字、图纸、图片、影像等资料；

建筑的测绘信息记录和相关资料。

(3)历史建筑的所有权人应当按照保护规划的要求，负责历史建筑的维护和修缮。县级以上地方人民政府可以从保护资金中对历史建筑的维护和修缮给予补助。历史建筑有损毁危险，所有权人不具备维护和修缮能力的，当地人民政府应当采取措施进行保护。

任何单位或者个人不得损坏或者擅自迁移、拆除历史建筑。

(4)建设工程选址，应当尽可能避开历史建筑；因特殊情况不能避开的，应当尽可能实施原址保护。对历史建筑实施原址保护的，建设单位应当事先确定保护措施，报城市、县人民政府城乡规划主管部门会同同级文物主管部门批准。

因公共利益需要进行建设活动，对历史建筑无法实施原址保护、必须迁移异地保护或者拆除的，应当由城市、县人民政府城乡规划主管部门会同同级文物主管部门，报省、自治区、直辖市人民政府确定的保护主管部门会同同级文物主管部门批准。

本条规定的历史建筑原址保护、迁移、拆除所需费用，由建设单位列入建设工程预算。

（5）对历史建筑进行外部修缮装饰、添加设施以及改变历史建筑的结构或者使用性质的，应当经城市、县人民政府城乡规划主管部门会同同级文物主管部门批准，并依照有关法律、法规的规定办理相关手续。

（6）文物保护法律、法规的规定。

3.3 中国历史文化名城名镇的申报过程与规定要求

3.3.1 历史文化名城名镇名村和街区申报条件

3.3.1.1 历史文化名城名镇名村申报条件

对于“保存文物特别丰富并且具有重大历史价值或者革命纪念意义的城市”，由国务院核定公布为“历史文化名城”。保存文物特别丰富并且具有重大历史价值或者革命纪念意义的城镇、街道、村庄，由省、自治区、直辖市人民政府核定公布为历史文化街区、村镇，并报国务院备案（《中华人民共和国文物保护法》第十四条）。《历史文化名城名镇名村保护条例》第七条对于申报历史文化名城名镇名村的城市、镇、村庄，规定必须同时具备以下四项条件：

（1）保存文物特别丰富。

（2）历史建筑集中成片。

（3）保留着传统格局和历史风貌。

（4）历史上曾经作为政治、经济、文化、交通中心或者军事要地，或者发生过重要历史事件，或者其传统产业、历史上建设的重大工程对本地区的发展产生过重要影响，或者能够集中反映本地区建筑的文化特色、民族特色。

申报历史文化名城的，在所申报的历史文化名城保护范围内还应当有2个以上的历史文化街区。

3.3.1.2 历史文化街区应当具备的条件

历史文化街区应当具备的条件共有四项：

（1）有比较完整的历史风貌。

（2）构成历史风貌的历史建筑和历史环境要素基本上是历史存留的原物。

（3）历史文化街区用地面积不小于1公顷。

（4）历史文化街区内文物古迹和历史建筑的用地面积宜达到保护区内建筑总用地的60%以上。

3.3.2 历史文化名城名镇名村申报材料

申报历史文化名城、名镇、名村，应当提交所申报的历史文化名城、名镇、名村的下列材料：

（1）历史沿革、地方特色和历史文化价值的说明。

（2）传统格局和历史风貌的现状。

（3）保护范围。

（4）不可移动文物、历史建筑、历史文化街区的清单。

（5）保护工作情况、保护目标和保护要求。

申报历史文化街区的材料比照申报历史文化名城、名镇、名村。

3.3.3 历史文化名城名镇名村申报程序

（1）申报历史文化名城，由省、自治区、直辖市人民政府提出申请，经国务院建设主管部门会同国务院文物主管部门组织有关部门、专家进行论证，提出审查意见，报国务院批准公布。

（2）申报历史文化名镇、名村，由所在地县级人民政府提出申请，经省、自治区、直辖市人民政府确定的保护主管部门会同国务院文物主管部门组织有关部门、专家进行论证，提出审查意见，报省、自治区、直辖市人民政府批准公布。

(3) 对符合申报条件而没有申报历史文化名城的城市，国务院建设主管部门会同国务院文物主管部门可以向该城市所在地的省、自治区、直辖市人民政府提出申请建议；仍不申报的，可以直接向国务院提出确定该城市为历史文化名城的建议。

(4) 对符合申报条件而没有申报历史文化名镇、名村的镇、村庄，省、自治区、直辖市人民政府确定的保护主管部门会同同级文物主管部门可以向该镇、村庄所在地县级人民政府提出申请建议；仍不申报的，可以直接向省、自治区、直辖市人民政府提出确定该镇、村庄为历史文化名镇、名村的建议。

(5) 国务院建设主管部门会同国务院文物主管部门可以在已批准公布的历史文化名镇、名村中，严格按照国家有关评价标准，选择具有重大历史、艺术、科学价值的历史文化名镇、名村，经专家论证，确定为中国历史文化名镇、名村。

3.3.4 国家历史文化名城申报管理办法(试行)

3.3.4.1 条件标准

(1) 国家历史文化名城应具有下列重要历史文化价值之一

①与中国悠久连续的文明历史有直接和重要关联。在国家政权、制度文明、国家礼仪、农业手工业发展、商贸交流、社会组织、思想文化、宗教信仰、文学艺术、科学技术、城市与建筑、自然地理、人文地理、军事防御等方面具有重要地位。

②与中国近现代政治制度、经济生活、社会形态、科技文化发展有直接和重要关联。突出反映近现代战争冲突与灾害应对、革命运动与政治体制变革、工商业发展、生活方式变迁、新思想新文化传播、科学技术发展、城市与建筑等方面的历史进程或杰出成就。

③见证中国共产党团结带领中国人民不懈奋斗的光辉历程。突出反映中国共产党诞生、创建革命根据地、长征、建立抗日民族统一战线、夺取人民解放战争胜利、完成新民主主义革命等方面的伟大历史贡献。

④见证中华人民共和国成立与发展历程。突出反映社会主义制度建立与发展、工业体系建立、科技进步、城市建设、重大工程建设等方面取得的巨大成就。

⑤见证改革开放和社会主义现代化的伟大征程。突出反映中国特色社会主义制度建立、社会主义市场经济体制确立、经济特区建设发展、沿海开放城市发展、科技创新和重大工程建设等方面取得的伟大成就。

⑥突出体现中华民族文化多样性、集中反映本地区文化特色、民族特色或见证多民族交流融合。

（2）物质载体和空间环境

国家历史文化名城应具有能够体现上述历史文化价值的物质载体和空间环境。

①体现特定历史时期的城市格局风貌、历史文化街区和历史建筑保存完好。历史文化街区不少于2片，每片历史文化街区的核心保护范围面积不小于1公顷、50米以上历史街巷不少于4条、历史建筑不少于10处。

②各级文物保护单位不少于10处，保存状态良好，且能够体现城市历史文化核心价值。

3.3.4.2 工作要求

申报国家历史文化名城的城市（县）应满足以下工作要求：

（1）完成保护对象测绘建档、建库、挂牌工作

①对历史文化街区和历史建筑进行测绘，建立数字化档案，档案内容包括基础信息、测绘成果、保存保护状况、修缮利用情况、产权变更情况、建设资料等。

②建立历史文化名城保护管理平台，平台包括各类保护对象的数字测绘成果和基础信息、保护修缮、产权变更、建设资料等数字档案。

③设立历史文化街区和历史建筑标志牌。

④依法完成文物保护单位“四有”工作，将各级文物保护单位的保护措施纳入相关规划。

⑤依法制定文物保护单位和未核定为文物保护单位的不可移动文物的具体保护措施，并公告施行。

（2）完善保护管理规定

①开展历史文化名城保护规划编制工作，评估历史文化价值、保护利用现状及存在问题，确定保护内容和重点，划定保护范围，提出保护展示利用策略建议，提出近期保护工作计划等。

②在历史文化名城保护规划基础上，以地方性法规、地方政府规章或规范性文件的形式，制定相关保护管理办法并实施，明确保护目标、保护对象、保护范围、保护利用和建设控制具体要求、各保护主体的权利责任、奖惩措施等。

（3）健全保护管理机制

①设立历史文化保护相关机构，统筹协调历史文化名城保护有关工作，审议保护工作重大事项。

②明确保护管理部门、职责分工，配备保护管理专门人员。

③保障经费投入，将保护资金列入本级财政预算。

④建立保护工作实施监督、意见反馈的公众参与机制。

（4）其他要求

近3年未发生大拆大建、拆真建假、破坏保护对象等致使城市（县）历史文化价值受到严重影响的事件，未发生重大文物安全事故和重大文物违法事件。

3.3.4.3 工作程序

（1）申报程序

①准备阶段。申报国家历史文化名城的城市（县）应对照国家历史文化名城条件标准，开展本市（县）历史文化价值研究，对历史文化资源进

行普查，积极开展不可移动文物认定公布和文物保护单位核定公布，推动完成历史文化街区和历史建筑的认定公布工作。

②评估阶段。完成准备工作后，由城市（县）人民政府向省级住房和城乡建设（规划）主管部门提出评估申请。省级住房和城乡建设（规划）主管部门会同省级文物主管部门研究提出意见，经省、自治区、直辖市人民政府同意后，报请住房和城乡建设部、国家文物局开展评估。收到评估申请后，住房和城乡建设部会同国家文物局组织专家对申报城市（县）进行评估，出具是否符合国家历史文化名城条件标准的评估意见。

③审查阶段。经评估符合国家历史文化名城条件标准的城市（县），在2年内达到本办法提出的工作要求后，由省、自治区、直辖市人民政府提出申请，经住房和城乡建设部会同国家文物局组织有关部门、专家进行论证，提出审查意见，报国务院批准公布。

（2）指定程序

对符合国家历史文化名城条件标准而没有申报的城市（县），住房和城乡建设部会同国家文物局向该城市（县）所在地的省、自治区、直辖市人民政府提出申报建议。省级住房和城乡建设（规划）主管部门和省级文物主管部门应督促该城市（县）按照本办法要求开展相关工作。

接到申报建议1年后仍未申报的，住房和城乡建设部会同国家文物局向国务院提出直接确定该城市（县）为国家历史文化名城的建议，对提醒、约谈、督促后仍不履行职责的相关责任人，按照干部管理权限向相关党组织或部门提出开展问责的建议。

3.3.4.4 申报材料

申报材料包括申报文本和附件。

（1）申报文本

①申报城市（县）简介，包括基本情况、历史沿革、地方特色等。

②条件标准符合情况。对照国家历史文化名城条件标准，阐述城市（县）的历史文化价值、相应的物质载体和空间环境等情况。

③保护管理工作情况。对照工作要求，阐述保护对象数字档案和管理平台建设、保护规划编制实施、地方保护法规制定、保护管理机制完善等情况。

④重要图表，包括历史文化街区、历史建筑、不可移动文物等各类保护对象清单，与保护清单相对应的保护对象空间分布图、保护规划相关重要图纸等。

（2）附件

①佐证材料，包括省级历史文化名城（若有）、历史文化街区、历史建筑公布文件，以及与不可移动文物、世界文化遗产保护有关的文件等。

②其他影像资料，包括申报国家历史文化名城的视频宣传片、各类保护对象的照片，以及其他能够展现城市（县）历史文化价值特色的图片或电子幻灯片等。

本章小结

本章主要介绍历史城镇保护更新对象范围与措施方法，首先分析了中国历史文化遗产保护的对象范围，其次阐述了中国历史城镇保护利用的原则要求与措施方法，最后介绍了中国历史文化名城名镇的申报过程、规定要求与管理办法。

思考题

1. 中国历史文化名城的保护对象包括哪些？
2. 中国历史城镇保护利用的原则有哪些，它对于历史城镇的可持续发展具有怎样的意义？
3. 简述历史文化名城名镇名村和街区申报条件。

第四章
中国历史文化名城名镇保护规划编制与实施管理

本章内容重点：中国历史文化名城名镇的保护规划编制与相应的实施管理。

本章教学要求：理解和掌握中国历史文化名城名镇保护规划的编制理论与原则要求，理解和掌握中国历史文化名城名镇保护规划编制要求与控制措施，理解中国历史文化名城名镇名村保护法规标准，了解中国历史文化名城名镇保护规划管理与实施管理内容。

4.1 中国历史文化名城名镇保护规划的编制理论与原则要求

4.1.1 历史文化名城特点与类型

4.1.1.1 数量多

我国是一个历史悠久的文明古国，历史古城为数众多。国务院于1982年公布了第一批24个，1986年公布了第二批38个，1994年公布了第三批37个，三批国家历史文化名城共99座；2001年增补山海关（区）、凤凰县，2004年10月增补濮阳市，2005年4月增补安庆市，2007年3月增补泰安市、海口市（含琼山）、金华市、绩溪县、吐鲁番市、特克斯县、无锡市，2009年1月增补南通，2010年增补北海，2010年增补太原，2011年增补宜兴、中山、会理、蓬莱、嘉兴，2012年增补库车、伊宁，2013年增补烟

台、青州、会泽、泰州，2014年增补湖州、齐齐哈尔，2015年增补常州、瑞金、惠州，2016年增补温州、永州、高邮，2017年增补长春、龙泉，2018年增补蔚县，2020年增补辽阳，2021年增补通海、黟县、桐城，2022年增补抚州、九江。我国目前共有国家级历史文化名城142座（表4-1）。各省、直辖市、自治区公布的省级历史文化名城100多座。

国家级历史文化名城一览表　　　　表4-1

序号	行政区划	第一批 1982年2月公布	第二批 1986年12月公布	第三批 1994年1月公布	增补	小计
1	北京	北京				1
2	天津		天津			1
3	河北	承德	保定	正定县、邯郸	山海关区（2001.8.10） 蔚县（2018.5.2）	6
4	山西	大同	平遥	新绛、代县、祁县	太原（2011.3.17）	6
5	内蒙古		呼和浩特			1
6	山东	曲阜	济南	青岛、聊城、邹城、临淄	泰安（2007.3.9） 蓬莱（2011.5.1） 烟台（2013.7.28） 青州（2013.11.18）	10
7	广东	广州	潮州	肇庆、佛山、梅州、雷州	中山（2011.3.17） 惠州（2015.10.3）	8
8	广西	桂林		柳州	北海（2010.11.9）	3
9	海南			琼山区*	海口（2007.3.13）	1
10	陕西	西安、延安	榆林、韩城	咸阳、汉中		6
11	甘肃		张掖、武威、敦煌	天水		4
12	青海			同仁		1
13	宁夏		银川			1
14	新疆		日喀则、喀什		吐鲁番（2007.4.27） 特克斯（2007.5.6） 库车（2012.3.15） 伊宁（2012.6.28）	5

续表

序号	行政区划	第一批 1982年2月公布	第二批 1986年12月公布	第三批 1994年1月公布	增补	小计
15	辽宁		沈阳		辽阳（2020）	1
16	吉林			吉林、集安	长春（2017.7.3）	3
17	黑龙江			哈尔滨	齐齐哈尔（2014.8.6）	2
18	上海		上海			1
19	江苏	南京、苏州、扬州	镇江、常熟、淮安、徐州		无锡（2007.9.15） 南通（2009.1.2） 泰州（2013.2.10） 常州（2015.6.1） 宜兴（2011.1.27） 高邮（2016.11.23）	13
20	浙江	杭州、绍兴	宁波	衢州、临海	金华（2007.3.18） 嘉兴（2011.1.27） 湖州（2014.7.14） 温州（2016.5.4） 龙泉（2017.7.16）	10
21	安徽		亳州、歙县、寿县		安庆（2005.4.14） 绩溪（2007.3.18） 黟县（2021） 桐城（2021）	5
22	福建	泉州	福州、漳州	长汀		4
23	江西	景德镇	南昌	赣州	瑞金（2015.8.19） 抚州（2022） 九江（2022）	4
24	河南	洛阳、开封	商丘、安阳、南阳	郑州、浚县	濮阳（2004.4.1）	8
25	湖北	荆州	武汉、襄阳	随州、钟祥		5
26	湖南	长沙		岳阳	凤凰（2001.12.27） 永州（2016.12.16）	4
27	重庆		重庆			1
28	四川	成都	宜宾、阆中、自贡	乐山、都江堰、泸州	会理（2011.11.8）	8
29	贵州	遵义	镇远			2

续表

序号	行政区划	第一批 1982年2月公布	第二批 1986年12月公布	第三批 1994年1月公布	增补	小计
30	云南	昆明、大理	丽江	建水、巍山	会泽（2013.5.18） 通海（2021）	6
31	西藏	拉萨	日喀则	江孜		3
	合计	24	39	37	42	142

资料来源：作者整理

*琼山和海口合并后，不再出现在历史文化名城名单中

就数量而言，中国的历史文化名城可以称为世界之最，这是因为以国家名义公布名城和进行管理是中国的特色。日本的《古都保存法》对古都的定义是：“曾经作为我国历史上的政治、文化中心地并占有重要历史地位的京都市、奈良市、镰仓市，以及以政令形式而确定的其他市、町、村之称谓。”英国确定的国家名城只有4座，它们是约克、巴斯、切斯特与契切斯特。国外其他国家将保护的注意力集中在保护区与文物古迹方面。

中国历史文化名城数量多，历史悠久。但保存下来年代久远的文物古迹的特点是地下遗存多，地上遗存保留较少。现存最早的古建筑可以推到汉代（石阙），木结构建筑在唐代（公元8世纪），而希腊、罗马保存的古建筑的朝代要早得多。就保护数量说，英格兰有登录建筑50万处，保护区8000多处；在我国，国家级、省级、县级文物保护单位加在一起不足10万处，保护区只有上百处。需要注意的是，英格兰的面积为13万平方千米，与我国国土面积相差73倍。所以就我国的悠久历史和辽阔地域来讲，我们保护的文物古迹不是太多了，而是太少了，我们更应珍惜祖上留下的文化遗产，使之与文明古国的地位相称。

4.1.1.2 类型复杂

分类是为了对名城有进一步的认识和采取保护的相应对策。历史文化名城在我国有各种不同的分类方法。简单而言，可以分为两种：一种

是根据名城的特征进行分类，一种是根据名城的保护现状进行分类。

第一种分类的方法是根据134座历史文化名城的形成历史、自然和人文地理以及它们的城市物质要素和功能结构等方面进行对比分析，归纳为七大类型。然后根据名城的第一归属性和第二归属性等来确定名城的类型，因为一个城市可能同时属于2-3种类型，利用归属性是一个较好的区别方法。名城的七大类型如下（表4-2）：

历史文化名城类型 表4-2

类型	特 点
古都型	以都城时代的历史遗存物、古都的风貌为特点的城市
传统风貌型	保留了某一时期及几个历史时期积淀下来的完整建筑群体的城市
风景名胜型	自然环境往往对城市特色的形成起着决定性的作用，由于建筑与山水环境的叠加而显示出其鲜明的个性特征
地方及民族特色型	位于民族地区的城镇由于地域差异、文化环境、历史变迁的影响，而显示出不同的地方特色或独自的个性特征，民族风情、地方文化、地域特色已构成城市风貌的主体
近现代史迹型	以反映历史的某一事件或某个阶段的建筑物或建筑群为其显著特色的城市
特殊职能型	城市中的某种职能在历史上有极突出的地位，并且在某种程度上成为这些城市的特征
一般史迹型	城市中的某种职能在历史上有极突出的地位，并且在某种程度上成为城市的特征

资料来源：作者整理

从古城性质、历史特点方面分类，如古都、地方政权所在地、风景名胜城市等，这种分类就认识历史价值方面是有意义的，如从制定保护政策的需要出发，可以按保护内容的完好程度、分布状况等来进行分类。这样，现有名城可以分为以下四种情况：

（1）古城的格局风貌比较完整，有条件采取整体保护的政策。对这类城市一定要严格管理，坚决保护好。

（2）古城风貌犹存，或古城格局、空间关系等尚有值得保护之处。对这类城市除保护文物古迹、历史文化街区外，要针对尚存的古城格局和风貌采取综合保护措施。

（3）古城的整体格局和风貌已不存在，但还保存有若干体现传统历史风貌的历史文化街区。

（4）少数历史文化名城，目前已难以找到一处值得保护的历史文化街区。

4.1.2 历史文化名城保护规划的主要内容

历史文化名城保护规划的主要内容包括：

（1）历史文化名城保护的内容应包括：历史文化名城的格局和风貌；与历史文化密切相关的自然地貌、水系、风景名胜、古树名木；反映历史风貌的建筑群、街区、村镇；各级文物保护单位；民俗精华、传统工艺、传统文化等。

（2）历史文化名城保护规划必须分析城市的历史、社会、经济背景和现状，体现名城的历史价值、科学价值、艺术价值和文化内涵。

（3）历史文化名城保护规划应建立历史文化名城、历史文化街区与文物保护单位三个层次的保护体系。

（4）历史文化名城保护规划应确定名城保护目标和保护原则，确定名城保护内容和保护重点，提出名城保护措施。

（5）历史文化名城保护规划应包括城市格局及传统风貌的保持与延续，历史地段和历史建筑群的维修改善与整治，文物古迹的确认。

（6）历史文化名城保护规划应划定历史地段、历史建筑、文物古迹和地下文物埋藏区的保护界线，并提出相应的规划控制和建设的要求。

（7）历史文化名城保护规划应合理调整历史城区的职能，控制人口容量，疏解城区交通，改善市政设施，以及提出规划的分期实施及管理的建议。

4.1.3 保护规划的编制原则

（1）历史文化名城应该保护城市的文物古迹和历史地段，保护和延续

古城的风貌特点，继承和发扬城市的传统文化，保护规划应根据城市的具体情况编制和落实。

（2）编制保护规划应当分析城市历史演变及性质、规模和相关特点，并根据历史文化遗存的性质、形态、分布等特点，因地制宜确定保护原则和工作重点。

（3）编制保护规划要从城市总体上采取规划措施，为保护城市历史文化遗存创造有利条件，同时又要注意满足城市经济、社会发展和改善人民生活和工作环境的需要，使保护与建设协调发展。

（4）编制保护规划应当注意对城市传统文化内涵的发扬与继承，促进城市物质文明和精神文明的协调发展。

（5）编制保护规划应当突出保护重点，即保护文物古迹、历史文化街区、风景名胜及其环境，特别注意对濒临破坏的历史实物遗存的抢救和保护。对已不存在的文物古迹一般不提倡重建。

4.2 中国历史文化名城名镇保护规划编制要求与控制措施

4.2.1 历史城镇保护规划编制的内容要求

《历史文化名城名镇名村街区保护规划编制审批办法》（2014）进一步明确了历史文化名城名镇名村街区保护规划的内容要求。

4.2.1.1 历史文化名城保护规划的内容

（1）评估历史文化价值、特色和存在的问题。

（2）确定总体保护目标和保护原则、内容和重点。

（3）提出总体保护策略和市（县）域的保护要求。

（4）划定文物保护单位、地下文物埋藏区、历史建筑、历史文化街区的核心保护范围和建设控制地带界线，制定相应的保护控制措施。

（5）划定历史城区的界限，提出保护名城传统格局、历史风貌、空间尺度及其相互依存的地形地貌、河湖水系等自然景观和环境的保护措施。

（6）描述历史建筑的艺术特征、历史特征、建设年代、使用现状等情况，对历史建筑进行编号，提出保护利用的内容和要求。

（7）提出继承和弘扬传统文化、保护非物质文化遗产的内容和措施。

（8）提出完善城市功能、改善基础设施、公共服务设施、生产生活环境的规划要求和措施。

（9）提出展示、利用的要求和措施。

（10）提出近期实施保护的内容。

（11）提出规划实施保障措施。

4.2.1.2 历史文化名镇名村保护规划的内容

（1）评估历史文化价值、特色和存在的问题。

（2）确定保护原则、内容和重点。

（3）提出总体保护策略和镇域保护要求。

（4）提出与名镇名村密切相关的地形地貌、河湖水系、农田、乡土景观、自然生态等景观环境的保护措施。

（5）确定保护范围，包括核心保护范围和建设控制地带界线，制定相应的保护控制措施。

（6）提出保护范围内建筑物、构筑物和环境要素的分类保护整治要求，对历史建筑进行编号，分别提出保护利用的内容和要求。

（7）提出继承和弘扬传统文化、保护非物质文化遗产的内容和措施。

（8）提出改善基础设施、公共服务设施、生产生活环境的规划方案。

（9）保护规划分期实施方案。

（10）提出规划实施保障措施。

4.2.1.3 历史文化街区保护规划的内容

（1）评估历史文化价值、特点和存在的问题。

（2）确定保护原则和保护内容。

（3）确定保护范围，包括核心保护范围和建设控制地带界线，制定相应的保护控制措施。

（4）提出保护范围内建筑物、构筑物和环境要素的分类保护整治要求，对历史建筑进行编号，分别提出保护利用的内容和要求。

（5）提出延续继承和弘扬传统文化、保护非物质文化遗产的内容和规划措施。

（6）提出改善交通等基础设施、公共服务设施、居住环境的规划方案。

（7）提出规划实施保障措施。

4.2.2 保护规划基础资料的收集要求

保护规划首先就是要开展细致深入的调研工作，不仅要对历史文化村镇的发展和演变有一定程度的理解，而且对当地的建筑风格、地区特色，对具体的房屋建造年代和相应保护要求都要做出专业的判定、鉴别、考证，是一项技术性很强、文化性很高的工作，需要大量的时间投入。保护规划编制之前应对历史城镇的历史发展情况做详细调查。作为保护规划的基础资料如下：

（1）村镇历史演变、建制沿革、城址、镇址、村址的兴废变迁以及有历史价值的水系、地形地貌特征等。

（2）相关的历史文献资料和历史地图。

（3）现存地上地下文物古迹、历史地段、风景名胜、古树名木、历史纪念地、近现代的代表性建筑，以及历史文化村镇中具有历史文化价值的格局和风貌。

（4）特有的传统文化、手工艺、民风习俗精华和特色传统产品。

（5）历史文化遗产及其环境遭到破坏威胁的状况。

4.2.3 保护规划成果要求

保护规划成果分为三个部分：规划文本、规划图纸和附件。

4.2.3.1 规划文本

规划文本是指表述规划意图、目标和对规划有关内容提出的规定性

要求。其文字表述应当规范、严密、准确、条理清晰、含义清楚。一般包括以下内容：

（1）历史文化价值概述。

（2）保护原则和保护工作重点。

（3）整体层次上保护历史城镇历史风貌和传统格局的措施，包括功能的改善、用地布局的选择和调整、空间形态或视廊上的保护等。

（4）各级文物保护单位的保护范围/建设控制地带以及各类历史文化保护区的范围界线，保护和整治的措施要求。

（5）对重点保护、整治地区的详细规划意向方案。

（6）规划实施管理措施。

4.2.3.2 规划图纸

用图表达现状和规划内容，图纸内容应与规划文本一致。规划图纸包括的内容如下：

（1）相关的历代历史地图。

（2）历史城镇的文物古迹、历史地段、古镇、古村落传统格局、风景名胜、古树名木、水系古井现状分布图，图纸比例尺为1/1000～1/2000。

（3）历史城镇土地使用现状图，比例尺为1/500～1/1000。

（4）历史城镇建筑风貌、建筑质量、建筑修建年代、建筑层数与屋顶形式现状分析图，比例尺为1/500～1/1000。

（5）历史城镇建筑高度（层次）现状分析图，比例尺为1/1000～1/2000。

（6）历史城镇保护规划总图，比例尺为1/1000～1/2000。图中标绘重点保护区、传统风貌协调区的位置、范围，文物古迹的位置，视线走廊，传统格局的位置和范围，古树名木、水系古井、风景名胜的位置和范围。

（7）历史城镇的建筑高度控制图，比例尺为1/1000～1/2000。

（8）文物保护单位的保护范围和建设控制地带图，比例尺为1/100～1/1000。在地图上，逐个、分张地画出文物保护单位的保护范围和建设控制地带的具体界线。

（9）土地使用规划图，比例尺为1/500～1/1000。

（10）重点保护区与传统风貌协调区规划图、建筑高度控制规划图、建筑保护与整治模式规划图，比例尺为1/500～1/1000。

（11）重点保护区修建性详细规划图，比例尺为1/500～1/1000。

以上图纸根据实际情况，可以按实际需要合并绘制或分别绘制。

4.2.3.3 附件

包括规划说明书和基础资料汇编，规划说明书的内容是分析现状，论证规划意图，解释规划文本等。

4.2.4 保护区范围的确定

4.2.4.1 保护区范围

在历史文化名城、名镇、名村、名街申报或编制保护规划时，有一项很重要的工作内容就是划定保护区范围。保护区范围就是对重要的文物古迹、风景名胜、历史文化名城、名镇、名村整个范围内需要重点控制的区域，都要划定明确的重点保护区域范围以及周围历史环境风貌控制范围，以便对区域内的建筑采取必要的保护、控制及管理措施。保护区范围及要求要科学、恰当，规划得过小，限制过松，将不能有效保护历史文化村镇的历史文化遗产；规划得过大，控制过严，则会给建设、居民生活造成无谓的影响。明确合理的保护区范围才能编制完善的保护规划，制定完备的保护管理方法；同时，可使历史文化城镇管理部门分清轻重缓急，采取不同措施，重点投入资金，将保护工作落到实处。

4.2.4.2 保护区范围划定的三个层面

历史城镇保护区范围一般划分为三个层面，即核心保护区、建设控制区和风貌协调区（各省历史城镇的保护区划分命名以当地有关历史文化名城、名镇、名村的保护法规中的法律概念来确定，如《云南省历史文化名城名镇名村名街保护条例》将保护区划分为核心保护区、建设控制区和风貌协调区三级。只有法律上明确的概念才具有法律效力，否则那些所谓

的绝对控制区、重点保护区是没有法律依据的)。

(1)核心保护区是指由历史建筑物、构筑物和其所处的环境风貌组成的核心区域。

(2)建设控制区是指在保护规划控制下可以进行适当整理、修建和改造的区域。

(3)风貌协调区是指建设控制区以外的保护区域。

核心保护区、建设控制区、风貌协调区的范围应当在保护规划中确定,由县级以上人民政府按照规划具体划定并设立标志。

4.2.4.3 保护区范围确定的影响因素分析

保护区域范围的确定需要经过科学的实地考察和论证,影响保护区域范围的因素有以下几个方面:

(1)历史文化村镇的历史文化价值。在科学评估保护对象价值的基础上,明确要保护的内容、保护的重点、保护的目标,以保护目标、保护内容、保护重点来确定保护区域范围。

(2)根据古镇、古村落的地形地貌、整体历史风貌等进行具体划定,尽可能地考虑完整性。如江南水乡古镇乌镇、南浔、西塘村镇布局依河而建,所以其保护区域范围就应以河道为中心,划出一定的范围进行保护,不能随意割断历史发展的脉络。

(3)在技术方面应注意从以下几个方面研究确定:

视线分析:正常人的眼睛视力距离为50-100m,如观察个体建筑的清晰度距离为300m;如从某处观察某个景点,这种视野范围则成为该景点的衬景。而衬景的清晰度为300m,50-100m的景物便更能引人注目。因此,根据以上视线分析的原理,就可以拟定50m、100m、300m三个等级范围。

噪声环境分析:噪声等对古建筑的破坏及对游览观赏者的干扰。城市噪声源是随距离变化的。按保护要求,一级保护区内不准干道穿越,在二级保护区范围内也排除大型卡车通行,按最低要求,距重点保护点

100m，噪声50-54dB较合适。依此分析，50m、100m、300m为从噪声干扰出发的三个等级的划分保护范围。

文物安全保护要求：绝对保护的国家级、省（市）级文物保护单位。按文物保护规定，其周围要划出50m的保护范围，不得有易燃、有害气体及性质不相符的建筑及设施，其周围环境保护及景观要求，也可分为50m、100m、300m三个等级。

此外，历史文化名城名镇周围是否有正在考虑或即将实施的发展项目，也是保护区范围划定的参考条件之一。若存在这样的项目，则应考虑将涉及的地区一并划入保护区范围，通过审批同意的保护规划调控新的建设项目对历史文化名城名镇周边敏感的环境产生影响。对已制定保护规划的地区，当周围有新的发展项目邻近保护区并可能对保护范围及其周围景观产生影响时，应考虑修改保护规划，将这些地区划入保护区范围。这有助于维护景观的完整性，协调历史文化村镇内外景观。

4.3 中国历史文化名城名镇名村保护法规标准

4.3.1《历史文化名城名镇名村保护条例》（2017修正）

经中华人民共和国国务院令第687号2017年修改的《历史文化名城名镇名村保护条例》，自2017年10月7日起施行。

4.3.1.1 适用范围

历史文化名城、名镇、名村的申报、批准、规划、保护。

4.3.1.2 申报与批准（第八条至十二条）

申报条件详见3.3.1.1。

申报历史文化名城，由省、自治区、直辖市人民政府提出申请，经国务院建设主管部门会同国务院文物主管部门组织有关部门、专家进行论证，提出审查意见，报国务院批准公布。

申报历史文化名镇、名村，由所在地县级人民政府提出申请，经省、

自治区、直辖市人民政府确定的保护主管部门会同同级文物主管部门组织有关部门、专家进行论证，提出审查意见，报省、自治区、直辖市人民政府批准公布。

4.3.1.3 保护规划（第十三条至三十条）

（1）历史文化名城批准公布后，历史文化名城人民政府应当组织编制历史文化名城保护规划。

历史文化名镇、名村批准公布后，所在地县级人民政府应当组织编制历史文化名镇、名村保护规划。

保护规划应当自历史文化名城、名镇、名村批准公布之日起1年内编制完成。

（2）保护规划应当包括下列内容：

保护原则、保护内容和保护范围；

保护措施、开发强度和建设控制要求；

传统格局和历史风貌保护要求；

历史文化街区、名镇、名村的核心保护范围和建设控制地带；

保护规划分期实施方案。

（3）保护规划由省、自治区、直辖市人民政府审批。

4.3.1.4 保护措施（第三十一条至三十六条）

（1）历史文化街区、名镇、名村核心保护范围内的消防设施、消防通道，应当按照有关的消防技术标准和规范设置。确因历史文化街区、名镇、名村的保护需要，无法按照标准和规范设置的，由城市、县人民政府公安机关消防机构会同同级城乡规划主管部门制订相应的防火安全保障方案。

（2）城市、县人民政府应当对历史建筑设置保护标志，建立历史建筑档案。

（3）历史建筑的所有权人应当按照保护规划的要求，负责历史建筑的维护和修缮。

（4）建设工程选址，应当尽可能避开历史建筑；因特殊情况不能避开的，应当尽可能实施原址保护。

4.3.1.5 法律责任（第三十七条至四十六条）

违反本条例规定，国务院建设主管部门、国务院文物主管部门和县级以上地方人民政府及其有关主管部门的工作人员，不履行监督管理职责，发现违法行为不予查处或者有其他滥用职权、玩忽职守、徇私舞弊行为，构成犯罪的，依法追究刑事责任；尚不构成犯罪的，依法给予处分。

4.3.2《历史文化名城名镇名村街区保护规划编制审批办法》（2014）

现行《历史文化名城名镇名村街区保护规划编制审批办法》，于2014年12月29日起施行。

4.3.2.1 适用范围

历史文化名城、名镇、名村、街区保护规划的编制和审批。

4.3.2.2 保护规划内容

（1）历史文化名城保护规划

应当包括下列内容：

评估历史文化价值、特色和存在问题；

确定总体保护目标和保护原则、内容和重点；

提出总体保护策略和市（县）域的保护要求；

划定文物保护单位、地下文物埋藏区、历史建筑、历史文化街区的核心保护范围和建设控制地带界线，制定相应的保护控制措施；

划定历史城区的界限，提出保护名城传统格局、历史风貌、空间尺度及其相互依存的地形地貌、河湖水系等自然景观和环境的保护措施；

描述历史建筑的艺术特征、历史特征、建设年代、使用现状等情况，对历史建筑进行编号，提出保护利用的内容和要求；

提出继承和弘扬传统文化、保护非物质文化遗产的内容和措施；

提出完善城市功能、改善基础设施、公共服务设施、生产生活环境

的规划要求和措施；

提出展示、利用的要求和措施；

提出近期实施保护内容；

提出规划实施保障措施。

（2）历史文化名镇名村保护规划

应当包括下列内容：

评估历史文化价值、特色和存在问题；

确定保护原则、内容和重点；

提出总体保护策略和镇域保护要求；

提出与名镇名村密切相关的地形地貌、河湖水系、农田、乡土景观、自然生态等景观环境的保护措施；

确定保护范围，包括核心保护范围和建设控制地带界线，制定相应的保护控制措施；

提出保护范围内建筑物、构筑物和环境要素的分类保护整治要求，对历史建筑进行编号，分别提出保护利用的内容和要求；

提出继承和弘扬传统文化、保护非物质文化遗产的内容和措施；

提出改善基础设施、公共服务设施、生产生活环境的规划方案；

保护规划分期实施方案；

提出规划实施保障措施。

（3）历史文化街区保护规划

应当包括下列内容：

评估历史文化价值、特点和存在问题；

确定保护原则和保护内容；

确定保护范围，包括核心保护范围和建设控制地带界线，制定相应的保护控制措施；

提出保护范围内建筑物、构筑物和环境要素的分类保护整治要求，对历史建筑进行编号，分别提出保护利用的内容和要求；

提出延续继承和弘扬传统文化、保护非物质文化遗产的内容和规划措施；

提出改善交通等基础设施、公共服务设施、居住环境的规划方案；

提出规划实施保障措施。

4.3.2.3 核心保护范围和建设控制地带的划定

历史文化名城、名镇、名村、街区保护规划确定的核心保护范围和建设控制地带，按照以下方法划定：

（1）各级文物保护单位的保护范围和建设控制地带以及地下文物埋藏区的界线，以县级以上地方人民政府公布的保护范围、建设控制地带为准。

（2）历史建筑的保护范围包括历史建筑本身和必要的建设控制区。

（3）历史文化街区、名镇、名村内传统格局和历史风貌较为完整、历史建筑或者传统风貌建筑集中成片的地区应当划为核心保护范围，在核心保护范围之外划定建设控制地带。

（4）历史文化名城的保护范围，应当包括历史城区和其他需要保护、控制的地区。

（5）历史文化名城、名镇、名村、街区保护规划确定的核心保护范围和建设控制地带应当边界清楚，四至范围明确，便于保护和管理。

4.3.2.4 成果要求

保护规划成果应当包括规划文本、图纸和附件，以书面和电子文件两种形式表达。规划成果的表达应当清晰、规范，符合城乡规划有关的技术标准和技术规范。

4.3.2.5 成果审查审批

（1）审查

在历史文化名城、名镇、名村、街区保护规划成果编制阶段，历史文化名城、名镇、名村、街区所在地的省、自治区、直辖市人民政府城乡规划主管部门，应当组织专家对保护规划的成果进行审查。

在国家历史文化名城保护规划成果编制阶段，国家历史文化名城所

在地的省、自治区、直辖市人民政府城乡规划主管部门，应当提请国务院城乡规划主管部门组织专家对成果进行审查。

（2）历史文化名城、名镇、名村保护规划由省、自治区、直辖市人民政府审批。历史文化街区保护规划按照省、自治区、直辖市的有关规定审批。

4.3.2.6 保护规划的修改

下列情形之一的，保护规划的组织编制机关可以按照规定的权限和程序修改保护规划：

（1）新发现地下遗址等重要历史文化遗存，或者历史文化遗存与环境发生重大变化，经评估确需修改保护规划的。

（2）因行政区划调整确需修改保护规划的。

（3）因国务院批准重大建设工程确需修改保护规划的。

（4）依法应当修改保护规划的其他情形。

需要修改保护规划的，组织编制机关应当提出专题报告报送原审批机关批准后，方可编制修改方案；修改国家历史文化名城、中国历史文化名镇、名村保护规划的，还应当报告国务院城乡规划主管部门。

修改后的保护规划，应当按照原程序报送审批和备案。

4.3.3 历史文化名城名镇名村保护规划编制要求（试行，2012）

4.3.3.1 适用范围

历史文化名城、历史文化街区、历史文化名镇、名村保护规划的编制。

4.3.3.2 编制基本要求

（1）保护规划的主要任务是：提出保护目标，明确保护内容，确定保护重点，划定保护和控制范围，制定保护与利用的规划措施。

（2）历史文化名城、名镇、名村的保护内容，一般包括以下方面：

保护和延续古城、镇、村的传统格局、历史风貌及与其相互依存的自然景观和环境；

历史文化街区和其他有传统风貌的历史街巷；

文物保护单位、已登记尚未核定公布为文物保护单位的不可移动文物；

历史建筑，包括优秀近现代建筑；

传统风貌建筑；

历史环境要素，包括反映历史风貌的古井、围墙、石阶、铺地、驳岸、古树名木等；

保护特色鲜明与空间相互依存的非物质文化遗产以及优秀传统文化，继承和弘扬中华民族优秀传统文化。

（3）保护范围的划定

历史文化名城、历史文化街区、名镇、名村的保护范围按照如下方法划定：

各级文物保护单位的保护范围和建设控制地带以及地下文物埋藏区的界线，以各级人民政府公布的保护范围、建设控制地带为准；

历史建筑的保护范围包括历史建筑本身和必要的建设控制区；

历史文化街区、名镇、名村内传统格局和历史风貌较为完整、历史建筑和传统风貌建筑集中成片的地区划为核心保护范围，在核心保护范围之外划定建设控制地带。核心保护范围和建设控制地带的确定应边界清楚，便于管理；

历史文化名城的保护范围，应包括历史城区和其他需要保护、控制的地区。

4.3.3.3 历史文化名城保护规划编制

（1）历史文化名城保护规划应当包括下列内容：

评估历史文化价值、特色和现状存在问题；

确定总体目标和保护原则、内容和重点；

提出市（县）域需要保护的内容和要求；

提出城市总体层面上有利于遗产保护的规划要求；

确定保护范围，包括文物保护单位、地下文物埋藏区、历史建筑、

历史文化街区的保护范围，提出保护控制措施；

划定历史城区的界限，提出保护名城传统格局、历史风貌、空间尺度及其相互依存的地形地貌、河湖水系等自然景观和环境的保护措施；

提出继承和弘扬传统文化、保护非物质文化遗产的内容和措施；

提出在保护历史文化遗产的同时完善城市功能、改善基础设施、提高环境质量的规划要求和措施；

提出展示和利用的要求与措施；

提出近期实施保护内容；

提出规划实施保障措施。

(2) 编制历史文化名城保护规划应根据历史文化名城、历史文化街区、文物保护单位和历史建筑的三个保护层次确定保护方法框架。

4.3.3.4 历史文化街区保护规划编制

(1) 历史文化街区保护原则

保护历史遗存的真实性，保护历史信息的真实载体；保护历史风貌的完整性，保护街区的空间环境；维持社会生活的延续性，继承文化传统，改善基础设施和居住环境，保持街区活力。

(2) 历史文化街区保护规划

应当包括以下内容：

评估历史文化价值、特点和现状存在问题；

确定保护原则和保护内容；

确定保护范围，包括核心保护范围和建设控制地带界线，制定相应的保护控制措施；

提出保护范围内建筑物、构筑物和环境要素的分类保护整治要求；

提出保持地区活力、延续传统文化的规划措施；

提出改善交通和基础设施、公共服务设施、居住环境的规划方案；

提出规划实施保障措施。

（3）历史文化街区保护范围内的建筑物、构筑物

对历史文化街区保护范围内的建筑物、构筑物，应进行分类保护，分别采取修缮、改善、整治和更新等措施。具体如下：

文物保护单位：按照批准的文物保护规划的要求落实保护措施。

历史建筑：按照《历史文化名城名镇名村保护条例》要求保护，改善设施。

传统风貌建筑：在不改变外观风貌的前提下，维护、修缮、整治，改善内部设施。

其他建筑：根据对历史风貌的影响程度，分别提出保留、整治、改造要求。

4.3.3.5 历史文化名镇名村保护规划编制

（1）历史文化名镇名村保护规划

应当包括以下内容：

评估历史文化价值、特色和现状存在问题；

确定保护原则、保护内容与保护重点；

提出总体保护策略和镇域保护要求；

提出与名镇名村密切相关的地形地貌、河湖水系、农田、乡土景观、自然生态等景观环境的保护措施；

确定保护范围，包括核心保护范围和建设控制地带界线，制定相应的保护控制措施；

提出保护范围内建筑物、构筑物和历史环境要素的分类保护整治要求；

提出延续传统文化、保护非物质文化遗产的规划措施；

提出改善基础设施、公共服务设施、生产生活环境的规划方案；

保护规划分期实施方案；

提出规划实施保障措施。

（2）总体保护策略和规划措施

编制历史文化名镇、名村保护规划应提出总体保护策略和规划措施，

包括：

协调新镇区与老镇区、新村与老村的发展关系；

保护范围内要控制机动车交通，交通性干道不应穿越保护范围，交通环境的改善不宜改变原有街巷的宽度和尺度；

保护范围内市政设施，应考虑街巷的传统风貌，要采用新技术、新方法，保障安全和基本使用功能；

对常规消防车辆无法通行的街巷提出特殊消防措施，对以木质材料为主的建筑应制定合理的防火安全措施；

保护规划应当合理提高历史文化名镇名村的防洪能力，采取工程措施和非工程措施相结合的防洪工程改善措施；

保护规划应对布置在保护范围内的生产、储存爆炸性、易燃性、放射性、毒害性、腐蚀性物品的工厂、仓库等，提出迁移方案；

保护规划应对保护范围内污水、废气、噪声、固体废弃物等环境污染提出具体治理措施。

（3）核心保护范围保护要求与控制措施

编制历史文化名镇名村保护规划，应当对核心保护范围提出保护要求与控制措施。包括：

提出街巷保护要求与控制措施；

对保护范围内的建筑物、构筑物进行分类保护，分别采取以下措施：

文物保护单位：按照批准的文物保护规划的要求落实保护措施。

历史建筑：按照《历史文化名城名镇名村保护条例》要求保护，改善设施。

传统风貌建筑：在不改变外观风貌的前提下，维护、修缮、整治，改善设施。

其他建筑：根据对历史风貌的影响程度，分别提出保留、整治、改造要求。

(4) 近期规划措施

历史文化名镇名村保护规划的近期规划措施，应当包括以下内容：

抢救已处于濒危状态的文物保护单位、历史建筑、重要历史环境要素；

对已经或可能对历史文化名镇名村保护造成威胁的各种自然、人为因素提出规划治理措施；

提出改善基础设施和生产、生活环境的近期建设项目；

提出近期投资估算。

4.3.3.6 成果要求

保护规划的成果应当包括规划文本、规划图纸和附件，规划说明书、基础资料汇编收入附件。规划成果应当包括纸质和电子两种文件。

保护规划文本应当完整、准确地表述保护规划的各项内容。语言简洁、规范。规划说明书包括历史文化价值和特色评估、历版保护规划评估、现状问题分析、规划意图阐释等内容。调查研究和分析的资料归入基础资料汇编。

(1) 历史文化名城保护规划的图纸要求

①历史资料图，包括历史地图、照片和图片。

②现状分析图，包括现状照片和图片。

a 区位图。

b 市域文化遗产分布图：图中标注各类文物古迹、名镇、名村、风景名胜的名称、位置、等级。

c 文物古迹分布图：图中标注各类文物古迹、历史文化街区、风景名胜的名称、位置、等级和已公布的保护范围。

d 格局风貌及历史街巷现状图。

e 用地现状图。

f 建筑高度现状图。

③保护规划图。

a 市域文化遗产保护规划图。

b 保护区划总图：图中标绘名城保护范围及各类保护区和控制界线，包括文物保护单位、历史文化街区、地下文物埋藏区、风景名胜的界线和保护范围。

c 视廊和高度控制规划图。

d 历史文化街区规划图：图中标绘历史文化街区的核心保护范围和建设控制地带，文物保护单位和历史建筑、传统风貌建筑和其他建筑。

e 用地规划图。

f 表达总体层次规划要求的规划图纸。

g 近期保护规划图。

历史文化名城保护规划各项图纸比例一般用1/5000或1/10000。市域文化遗产分布图和保护规划图的比例尺可适当缩小。根据历史文化名城的不同规模和特点，规划图纸可以适当合并或增减，其比例尺、范围宜与现状分析图一致。

（2）历史文化街区保护规划的图纸要求

①历史资料图。

②现状分析图。

a 区位图。

b 文物古迹分布图。

c 用地现状图。

d 反映建筑年代、质量、风貌、高度等的现状图。

e 历史环境要素现状图。

f 基础设施、公共安全设施与公共服务设施等现状图。

③保护规划图。

a 保护区划图。

b 建筑分类保护规划图：图中标绘文物保护单位、历史建筑、传统风貌建筑、其他建筑的分类保护措施，其中其他建筑要根据对历史风貌的影响程度再行细分。

c 高度控制规划图。

d 用地规划图。

e 道路交通规划图。

f 基础设施、公共安全设施和公共服务设施规划图。

g 主要街道立面保护整治图。

h 规划分期实施图。

历史文化街区保护规划各项图纸比例一般用1/2000，也可用1/500或1/1000。保护规划图比例尺、范围宜与现状分析图一致。

（3）历史文化名镇名村保护规划的图纸要求

①历史资料图。

②现状分析图。

a 区位图。

b 镇域文化遗产分布图：比例尺为1/5000～1/25000。图中标注各类文物古迹、名村、风景名胜的名称、位置、等级。

c 文物古迹分布图：图中标注各类文物古迹、风景名胜的名称、位置、等级和已公布的保护范围。

d 格局风貌及历史街巷现状图。

e 用地现状图。

f 反映建筑年代、质量、风貌、高度等的现状图。

g 历史环境要素现状图。

h 基础设施、公共安全设施与公共服务设施等现状图。

③保护规划图。

a 保护区划总图：图中标绘名镇名村保护范围及各类保护区和控制界线，包括文物保护单位、地下文物埋藏区的界线和保护范围。

b 建筑分类保护规划图：图中标绘核心保护范围内文物保护单位、历史建筑、传统风貌建筑、其他建筑的分类保护措施，其中其他建筑要根据对历史风貌的影响程度再行细分。

c 高度控制规划图。

d 用地规划图。

e 道路交通规划图。

f 基础设施和公共服务设施规划图。

g 近期保护规划图。

历史文化名镇、名村保护规划各项图纸比例一般用1/2000，也可用1/500或1/5000。保护规划图比例尺、范围宜与现状分析图一致。

4.3.4 《历史文化名城保护规划标准》(GB/T 50357—2018)

4.3.4.1 适用范围

适用于历史文化名城、历史文化街区、文物保护单位及历史建筑的保护规划，以及非历史文化名城的历史城区、历史地段、文物古迹等的保护规划。

4.3.4.2 保护规划原则

(1) 保护历史真实载体的原则。

(2) 保护历史环境的原则。

(3) 合理利用、永续发展的原则。

(4) 统筹规划、建设、管理的原则。

4.3.4.3 历史文化名城

(1) 一般规定

①历史文化名城保护规划应坚持整体保护的理念，建立历史文化名城、历史文化街区与文物保护单位三个层次的保护体系。

②历史文化名城保护规划应确定名城保护目标和保护原则，确定名城保护内容和保护重点，提出名城保护措施。

③历史文化名城保护规划应包括下列内容：

a 城址环境保护。

b 传统格局与历史风貌的保持与延续。

c 历史地段的维修、改善与整治。

d 文物保护单位和历史建筑的保护和修缮。

④历史文化名城保护规划应划定历史城区、历史文化街区和其他历史地段、文物保护单位、历史建筑和地下文物埋藏区的保护界线，并提出相应的规划控制和建设要求。

（2）保护界线

①历史文化名城保护规划应划定历史城区范围，可根据保护需要划定环境协调区。

②历史文化名城保护规划应划定历史文化街区的保护范围界线，保护范围应包括核心保护范围和建设控制地带。

（3）格局与风貌

①历史文化名城保护规划应对城址环境的自然山水和人文要素提出保护措施，对城址环境提出管控要求。

②历史文化名城保护规划应对体现历史城区传统格局特征的城垣轮廓、空间布局、历史轴线、街巷肌理、重要空间节点等提出保护措施，并展现文化内在关联。

③历史文化名城保护规划应运用城市设计方法，对体现历史城区历史风貌特征的整体形态以及建筑的高度、体量、风格、色彩等提出总体控制和引导要求，并强化历史城区的风貌管理，延续历史文脉，协调景观风貌。

④历史文化名城保护规划应明确历史城区的建筑高度控制要求，包括历史城区建筑高度分区、重要视线通廊及视域内建筑高度控制、历史地段保护范围内的建筑高度控制等。

（4）道路交通

①历史城区应保持或延续原有的道路格局，保护有价值的街巷系统，保持特色街巷的原有空间尺度和界面。

②历史文化名城应通过完善综合交通体系，改善历史城区的交通条

件。历史城区的交通组织应以疏导为主，将通过性的交通干路、交通换乘设施、大型机动车停车场等安排在历史城区外围。

（5）市政工程

①历史城区内应积极改善市政基础设施，与用地布局、道路交通组织等统筹协调。

②历史城区市政设施建设应与历史城区整体风貌相协调。

③历史城区市政管线布置和市政管线建设应结合用地布局、道路条件、现状管网情况以及市政需求预测结果确定。

4.3.4.4 历史文化街区

（1）一般规定

①历史文化街区应具备下列条件：

a 有比较完整的历史风貌。

b 构成历史风貌的历史建筑和历史环境要素应是历史存留的原物。

c 历史文化街区核心保护范围面积不应小于1ha。

d 历史文化街区核心保护范围内的文物保护单位、历史建筑、传统风貌建筑的总用地面积不应小于核心保护范围内建筑总用地面积的60%。

②历史文化街区保护规划应确定保护的目标和原则，严格保护历史风貌，维持整体空间尺度，对街区内的历史街巷和外围景观提出具体的保护要求。

③历史文化街区保护规划应达到详细规划深度要求。

（2）保护界线

历史文化街区核心保护范围界线的划定和确切定位应符合下列规定：

a 保持重要眺望点视线所及范围的建筑物外观界面及相应建筑物的用地边界完整。

b 保持现状用地边界完整。

c 保持构成历史风貌的自然景观边界完整。

d 历史文化街区建设控制地带界线的划定和确切定位应符合下列规定：

应以重要眺望点视线所及范围的建筑外观界面相应的建筑用地边界为界线；

应将构成历史风貌的自然景观纳入，并保持视觉景观的完整性；

应将影响核心保护范围风貌的区域纳入，宜兼顾行政区划管理的边界。

（3）保护与整治

①历史文化街区内的建筑物、构筑物的保护与整治方式应符合表4-3的规定。

历史文化街区建筑物、构筑物的保护与整治方式　　表4-3

分类	文物保护单位	历史建筑	传统风貌建筑	其他建筑物、构筑物	
				与历史风貌无冲突的其他建筑物、构筑物	与历史风貌有冲突的其他建筑物、构筑物
保护与整治方式	修缮	修缮 维修 改善	维修 改善	保留 维修 改善	整治 （拆除重建、拆除不建）

资料来源：作者整理

②应对历史文化街区内与历史风貌相冲突的其他环境要素进行整治、拆除。

（4）道路交通

①宜在历史文化街区以外更大的空间范围内统筹交通设施的布局，历史文化街区内不应设置高架道路、立交桥、高架轨道、客货运枢纽、大型停车场、大型广场、加油站等交通设施。地下轨道选线不应穿越历史文化街区。

②历史文化街区宜采用宁静化的交通设计，可结合保护的需要，划定机动车禁行区。

③历史文化街区应优化步行和自行车交通环境，提高公共交通出行的可达性。

（5）市政工程

①历史文化街区内宜采用小型化、隐蔽型的市政设施，有条件的可

采用地下、半地下或与建筑相结合的方式设置，其设施形式应与历史文化街区景观风貌相协调。

②历史文化街区应因地制宜确定排水体制，完善排水设施和污水截流设施，粪便污水应经化粪池处理后排放。

③工程管线种类和敷设方式应根据需求及道路宽度、管线尺寸等因素综合确定。

④在有条件的街巷，宜采用综合管廊、管沟的方式敷设工程管线。

4.4 中国历史文化名城名镇保护规划管理与实施监督检查

历史文化名城名镇名村的保护和监督管理是运用城乡规划管理，通过申报登录、保护规划、保护措施、法律责任四大环节实现。

4.4.1 历史文化名城保护规划管理

历史文化名城的规划管理应建立历史文化名城、历史文化街区和文物保护单位三个层次的保护体系，针对不同层次保护对象因地制宜地采取保护措施，并提出合理利用历史文化遗产的途径和方式。

4.4.1.1 历史文化名城

最基本的有效方法是划定保护区，对保护范围界限内的建设活动提出相应的规划控制和建设要求，同时保护传统格局、风貌和空间尺度。

(1)组织编制历史文化名城保护规划

历史文化名城保护必须遵循科学规划的原则。《历史文化名城名镇名村保护条例》规定保护规划的内容为：

保护原则、保护内容和保护范围；

保护措施、开发强度和建设控制要求；

传统格局和历史风貌保护要求；

历史文化街区的核心保护范围和建设控制地带；

保护规划分期实施方案。

（2）按照不同保护界限采取相应措施

①不同层次保护界线的概念及划定

《保护条例》所规定的保护范围特指历史文化名城。保护范围分为核心保护范围和建设控制地带两个层次。核心保护范围是指在保护范围以内需要重点保护的区域，是指历史文化街区的精华所在；而建设控制地带则位于历史文化名城保护范围以内、核心保护范围以外，是为确保核心保护范围的风貌、特色完整性而必须进行建设控制的地区。

《城市紫线管理办法》将历史文化街区和历史建筑的保护界线称为城市紫线。

②针对不同保护界线的相应措施

保护的措施分两种：一是禁止，二是控制。

严格禁止的活动包括：开山、采石、开矿等破坏传统格局和历史风貌的活动；占用保护规划确定保留的园林绿地、河湖水系、道路等；修建生产、储存爆炸性、易燃性、放射性、毒害性、腐蚀性物品的工厂、仓库等；在历史建筑上刻画、涂污。

严格控制的活动包括：改变园林绿地、河湖水系等自然状态的活动；在核心保护范围内进行影视摄制、举办大型群众性活动；其他影响传统格局、历史风貌或者历史建筑的活动。要求进行这些活动应当保护其传统格局、历史风貌和历史建筑；制订保护方案，经城市、县人民政府城乡规划主管部门会同同级文物主管部门批准，并依照有关法律、法规的规定办理相关手续。

③遗产保护和旅游开发相结合

在保护途径上，普遍采用的主要方法是：古城保护与新区建设相结合，以及遗产保护与旅游开发相结合。

4.4.1.2 历史文化街区

(1) 历史文化街区的概念界定

历史文化街区，是经省、自治区、直辖市人民政府核定公布的保存文物特别丰富、历史建筑集中成片、能够较完整和真实地体现传统格局和历史风貌，并具有一定规模的区域。

历史建筑，是指经城市、县人民政府确定公布的具有一定保护价值，能够反映历史风貌和地方特色，未公布为文物保护单位，也未登记为不可移动文物的建筑物、构筑物。

《历史文化名城保护规划标准》规定历史文化街区核心保护范围面积不应小于1公顷；历史文化街区核心保护范围内的文物保护单位、历史建筑、传统风貌建筑的总用地面积不应小于核心保护范围内建筑总用地面积的60%。

(2) 历史文化街区的保护界限

历史文化街区的保护界限由内向外分为保护区、建设控制地带和环境协调区三个圈层。在历史文化名城内的历史文化街区的保护区，又称核心保护范围。

划定保护界限，应按三项要求进行定位：其一，文物古迹或历史建筑的现状用地边界；其二，在街道、广场、河流等处视线所及范围内的建筑物用地边界或外观边界；其三，构成历史风貌的自然景观边界。

(3) 历史文化街区的控制要求

在历史文化街区核心保护范围内进行建设活动，按以下要求进行规划控制：不得擅自改变街区空间格局和建筑原有的立面、色彩；除确需建造的建筑附属设施外，不得进行新建、扩建活动，对现有建筑进行改建时，应当保持或者恢复其历史文化风貌；不得擅自新建、扩建道路，对现有道路进行改建时，应当保持或者恢复原有的道路格局和景观特征；不得新建工业企业，现有妨碍历史文化街区保护的工业企业应当有计划迁移。

在历史文化街区建设控制地带内进行建设活动，应当符合以下要求：新建、扩建、改建建筑时，应当在高度、体量、色彩等方面与历史风貌相协调；新建、扩建、改建道路时，不得破坏传统格局和历史风貌；不得新建对环境有污染的工业企业，现有对环境有污染的工业企业应当有计划迁移。

历史文化街区内应保护文物古迹、保护建筑、历史建筑和环境要素。当历史文化街区的核心保护范围与文物保护单位或保护建筑的建设控制地带出现重叠时，应服从核心保护范围的规划控制要求。当文物保护单位或保护建筑的保护范围与历史文化街区出现重叠时，应服从文物保护单位或保护建筑的保护范围的规划控制要求。历史文化街区建设控制地带内应严格控制建筑的性质、高度、体量、色彩及形式。位于历史文化街区外的历史建筑群，应按照历史文化街区内保护历史建筑的要求予以保护。

（4）城市紫线范围内的禁止活动

城市紫线范围内的禁止活动包括：

违反保护规划的大面积拆除、开发；

对历史文化街区传统格局和风貌构成影响的大面积改建；

损坏或者拆毁保护规划确定保护的建筑物、构筑物和其他设施；

修建破坏历史文化街区传统风貌的建筑物、构筑物和其他设施；

占用或者破坏保护规划确定保留的园林绿地、河湖水系、道路和古树名木等；

其他对历史文化街区和历史建筑的保护构成破坏性影响的活动。

（5）历史文化街区的保护整治

保护方法除了按照《文物保护法》关于“必须遵守不改变文物原状的原则”要求，还应结合当地实际，采取“控制—整治—更新利用”的方式，区分不同情况，实行分类保护和管理。

第一，严格控制各项建设活动，防止新建不协调建筑，遏制对传统

风貌的继续破坏。

第二，加强历史街区保护整治，禁止大拆大建改造，维护传统格局和历史风貌。

第三，探索合理更新利用方式，赋予文化遗产适当功能，服务于现代社会经济。

4.4.1.3 历史建筑

(1) 历史建筑的法定概念

历史建筑，是指经城市、县人民政府确定公布的具有一定保护价值，能够反映历史风貌和地方特色，未公布为文物保护单位，也未登记为不可移动文物的建筑物、构筑物。通常认为具有一定的建成历史，且满足下列条件之一的，应当确定为历史建筑：

反映当地历史文化和民俗传统，具有时代特色和地域特色；

具有特殊的革命纪念意义或其他特殊历史意义的建筑；

典型的作坊、商铺、厂房和仓库等；

祠堂、古书院、古寺庙等；

著名建筑师作品。

(2) 历史建筑的维护修缮

历史建筑的所有权人应当按照保护规划的要求，负责历史建筑的维护和修缮。县级以上地方人民政府可以从保护资金中对历史建筑的维护和修缮给予补助。历史建筑有损毁危险，所有权人不具备维护和修缮能力的，当地人民政府应当采取措施进行保护。任何单位或者个人不得损坏或者擅自迁移、拆除历史建筑。

(3) 历史建筑的原址保护

建设工程选址，应当尽可能避开历史建筑；因特殊情况不能避开的，应当尽可能实施原址保护。对历史建筑实施原址保护的，建设单位应当事先确定保护措施，报城市、县人民政府城乡规划主管部门会同同级文物主管部门批准。因公共利益需要进行建设活动，对历史建筑无法实施原址保护、必须迁移异地保护或者拆除的，应当由城市、县人民政府城乡规划主管部门会同同级文物主管部门，报省、自治区、直辖市人民政府确定的保护主管部门会同同级文物主管部门批准。本条规定的历史建筑原址保护、迁移、拆除所需费用，由建设单位列入建设工程预算。

（4）历史建筑的改建更新

对历史建筑进行外部修缮装饰、添加设施以及改变历史建筑的结构或者使用性质的，应当经城市、县人民政府城乡规划主管部门会同同级文物主管部门批准，并依照有关法律、法规的规定办理相关手续。

4.4.1.4 文物保护单位

（1）文物保护基本要求

历史文化名城内的文物保护单位应该贯彻“保护为主、抢救第一、合理利用、加强管理”的方针，依法划定必要的保护范围和建设控制地带。

文物保护应当按照原址、原状保护的原则，采取相应的保护措施。无法实施原址保护必须迁移异地保护或者拆除的，应当报省、自治区、直辖市人民政府批准；迁移或者拆除省级文物保护单位的，批准前须征得国务院文物行政部门同意。全国重点文物保护单位不得拆除；需要迁移的，须由省、自治区、直辖市人民政府报国务院批准。不可移动文物已经全部毁坏的，应当实施遗址保护，不得在原址重建。但因特殊情况需要在原址重建的，由省、自治区、直辖市人民政府文物行政部门报省、自治区、直辖市人民政府批准；全国重点文物保护单位需要在原址重建的，由省、自治区、直辖市人民政府报国务院批准。

（2）文物保护范围内管理

各级文物保护单位，分别由省、自治区、直辖市人民政府和市、县人民政府划定必要的保护范围，做出标志说明，建立记录档案，并区别情况分别设置专门机构或者专人负责管理。其中，全国重点文物保护单位的保护范围，由省、自治区、直辖市人民政府文物行政部门报国务院文物行政部门备案。

文物保护单位的保护范围，应当根据文物保护单位的类别、规模、内容以及周围环境的历史和现实情况合理划定，并在文物保护单位本体之外保持一定的安全距离，确保文物保护单位的真实性和完整性。文物保护单位的保护范围内不得进行其他建设工程或者爆破、钻探、挖掘等作业。但是，因特殊情况需要在文物保护单位的保护范围内进行其他建设工程或者爆破、钻探、挖掘等作业的，必须保证文物保护单位的安全，并经核定公布该文物保护单位的人民政府批准，在批准前应当征得上一级人民政府文物行政部门同意；在全国重点文物保护单位的保护范围内进行其他建设工程或者爆破、钻探、挖掘等作业的，必须经省、自治区、直辖市人民政府批准，在批准前应当征得国务院文物行政部门同意。

（3）建设控制地带内管理

全国重点文物保护单位的建设控制地带，经省、自治区、直辖市人民政府批准，由省、自治区、直辖市人民政府的文物行政主管部门会同城乡规划主管部门划定并公布。省级、设区的市、自治州级和县级文物保护单位的建设控制地带，经省、自治区、直辖市人民政府批准，由核定公布该文物保护单位的人民政府的文物行政主管部门会同城乡规划主管部门划定并公布。

4.4.2 历史文化名镇名村保护规划管理

4.4.2.1 保护规划及规划管理主体

历史文化名镇、名村批准公布后，所在地县级人民政府应当组织编制历史文化名镇、名村保护规划。保护规划应当自历史文化名镇、名村批准公布之日起1年内编制完成。

历史文化名镇保护规划的规划期限应当与镇总体规划的规划期限相一致；历史文化名村保护规划的规划期限应当与村庄规划的规划期限相一致。

历史文化名镇、名村保护规划的内容和历史文化名城相同，有以下五项：

（1）保护原则、保护内容和保护范围。

（2）保护措施、开发强度和建设控制要求。

（3）传统格局和历史风貌保护要求。

（4）历史文化街区的核心保护范围和建设控制地带。

（5）保护规划分期实施方案。

我国最初的市镇始于北宋，由隋唐五代时的军镇和方镇转化而来。历史文化名镇、名村保护规划管理的责任主体是所在地县级人民政府，而不是政府部门。

4.4.2.2 保护规划管理的基本要求

历史文化名镇名村应当整体保护，保持传统格局、历史风貌和空间尺度，不得改变与其相互依存的自然景观和环境。禁止将历史文化遗产资源经营权转让。

在历史文化名镇、名村核心保护范围内从事建设活动，应当符合保护规划的要求，不得损害历史文化遗产的真实性和完整性，不得对其传统格局和历史风貌构成破坏性影响。应当按照保护规划，有计划、有步骤地对历史文化名镇、名村核心保护范围进行维修和整治，改善基础设施、公共设施和居住环境。对保护规划确定保护的濒危建筑物、构筑物和保护设施，应当及时组织抢修和整治。

4.4.2.3 保护界限内的管理措施

第一，对历史文化名镇、名村保护范围内的规划管理。禁止进行下列活动：开山、采石、开矿等破坏传统格局和历史风貌的活动；占用保护规划确定保留的园林绿地、河湖水系、道路等；修建生产、储存爆炸性、易燃性、放射性、毒害性、腐蚀性物品的工厂、仓库等；在历史建筑上刻画、涂污。

第二，对历史文化名镇、名村建设控制地带内的规划管理。历史文化名镇、名村建设控制地带内的新建建筑物、构筑物，应当符合保护规划规定的建设控制要求。

第三，对历史文化名镇、名村核心保护范围内的规划管理。历史文化名镇、名村核心保护范围内的建筑物、构筑物，应当区分不同情况，采取相应措施，实行分类保护：

一是在核心保护范围内的历史建筑，应当保持原有的高度、体量、外观形象及色彩等。

二是除新建、扩建必要的基础设施和公共服务设施外不得进行新建、扩建活动。

三是新建、扩建必要的基础设施和公共服务设施的，县人民政府城乡规划主管部门核发建设工程规划许可证、乡村建设规划许可证前，应当征求同级文物主管部门的意见。

四是在该范围内拆除历史建筑以外的建筑物、构筑物或者其他设施的，应当经县人民政府城乡规划主管部门会同同级文物主管部门批准。

五是审批核心保护范围内新建、扩建必要的基础设施和公共服务设施，以及审批拆除核心保护范围以外的建筑物、构筑物或者其他设施的，审批机关应当组织专家论证，并将审批事项予以公示，征求公众意见，告知利害关系人有要求举行听证的权力。公示时间不得少于20日。利害关系人要求听证的，应当在公示期间提出，审批机关应当在公示期满后即时举行听证。

4.4.3 名城名镇保护规划实施监督检查

4.4.3.1 城乡规划的法制监督

（1）立法机构对城乡规划工作的监督

《城乡规划法》第二十八条规定，有计划、分步骤地组织实施城乡规划是地方各级人民政府的职责，是地方各级人民政府工作的重要内容之一。因此，对城乡规划的实施情况进行监督，也自然成为各级人民代表大会履行监督职能的重要内容。地方人民政府应当向本级人民代表大会常务委员会或者乡、镇人民代表大会报告城乡规划的实施情况，接受人民代表

大会及其常务委员会的监督和检查。

（2）乡规划的行政自我监督

县级以上人民政府及其城乡规划主管部门对下级政府以及城乡规划主管部门执行城乡规划编制、审批、实施、修改的情况进行监督检查。

城乡规划的层级监督包括：

上级政府城乡规划主管部门对下级政府城乡规划主管部门具体执行行政行为进行检查。

上级政府城乡规划主管部门对下级政府城乡规划主管部门的制度建设情况进行检查。

（3）城乡规划的社会监督

在城乡规划法中，明确规定了城乡规划公开制度和公众参与制度。

在规划编制过程中，要求规划组织编制机关应当先将规划草案予以公告，并采取论证会、听证会或其他方式征求专家及公众意见。报送规划审批材料时，应附具意见采纳情况及理由。

在规划实施阶段，要求城乡规划主管部门应当将经审定的修建性详细规划、建设工程设计方案的总平面图予以公布。城乡规划主管部门批准建设单位变更规划条件申请的，应当依法将变更后的规划条件公示。

在修改保护规划时，组织编制机关应当组织有关部门和专家定期对规划实施情况进行评估，并采取论证会、听证会或者其他方式征求公众意见。在提出评估报告时，附具征求意见的情况。

在修改控制性详细规划、修建性详细规划和建设工程设计总平面图时，规划部门应当征求规划地段内利害关系人的意见。

任何单位和个人有查询规划和举报或者控告违反城乡规划行为的权利。

在进行城乡规划实施情况的监督后，监督检查情况和处理结果应当公开，供公众查阅和监督。

4.4.3.2 城乡规划的行政监督检查

(1) 城乡规划行政执法监督的内涵与特征

城乡规划行政监督检查，是指城乡规划行政主管部门依法对建设单位或者个人是否遵守城乡规划行政法律、法规或规划行政许可的实施所作的强制性检查的具体行政行为。

城乡规划行政执法监督检查直接影响行政相对方的权利和义务。其主要特征如下：

一是规划行政监督检查是城乡规划行政主管部门的具体行政行为，它是以行政机关的名义进行的。

二是规划行政监督检查是城乡规划行政主管部门的强制性行政行为，不需要征得行政相对人的同意。

三是规划行政监督检查必须依法进行。

(2) 规划行政执法监督检查的内容

城乡规划行政执法监督检查，是对建设单位或者个人的建设活动是否符合城乡规划进行监督检查；对违反城乡规划的行为进行查处。

县级以上人民政府规划行政主管部门对城乡规划实施情况进行监督检查，其内容包括：

验证有关土地使用和建设申请的申报条件是否符合法定要求，有无弄虚作假；

复验建设用地坐标、面积等与建设用地规划许可证的规定是否相符；

对已领取建设工程规划许可证并放线的建设工程，履行验线手续，检查其坐标、标高、平面布局等是否与建设工程规划许可证相符；

建设工程竣工验收之前，检查、核实有关建设工程是否符合规划条件。

(3) 规划行政执法监督检查的原则

县级以上人民政府城乡规划行政主管部门实施行政监督检查权，其基本前提是必须遵循依法行政的原则，具体内容包括：规划监督检查的内容合法；规划监督检查的程序合法；规划监督检查采取的措施合法。

(4) 规划执法监督检查的实行

①监督检查方法和措施

监督检查时可以采取执法检查、案件调查、不定期抽查、接受群众举报等措施。

根据《城乡规划法》的规定，城乡规划行政主管部门在进行规划监督检查时有权采取以下措施：

a 要求有关单位和人员提供与监督事项有关的文件、资料，并进行复制。

b 要求有关单位和人员就监督事项涉及的问题做出解释和说明，并根据需要进入现场进行勘测。

c 责令有关单位和人员停止违反有关城乡规划法律、法规的行为。

②监督检查的人员、证件

要求规划工作人员做到政务公开、依法行政，自觉接受群众监督。要加强对监督检查人员的培训与考核，对考核合格符合法定条件的，发给城乡规划监督检查证件，持证上岗。

城乡规划监督检查证件是县级以上人民政府城乡规划行政主管部门依法制发的，格式统一，是证明城乡规划监督检查人员身份和资格的证书。

③规划监督检查程序

a 城乡规划监督检查人员在履行监督检查职责时，必须出示合法证件。

b 实施监督检查时，监督检查人员应通知被检查人在场，检查必须公开进行。

c 从检查开始到检查结束不能超过正常时间。

d 检查人员应当对检查结果承担法律责任。

本章小结

本章首先分析了历史文化名城特点与类型以及历史文化名城保护规划

的主要内容，第二部分介绍了中国历史文化名城名镇保护规划编制要求与控制措施，第三部分详细介绍了中国历史文化名镇名村保护法规标准，第四部分深入阐述了中国历史文化名城名镇保护规划管理与实施监督检查。

思考题

1. 我国历史文化名城有哪些类型？列举你熟悉的名城并进行分类。
2. 如何划定保护区范围？保护区范围确定的影响因素有哪些？
3. 名城名镇保护规划实施监督检查包括哪些内容？

第五章
中国历史城镇的保护与更新模式

本章内容重点：中国历史城镇的保护与更新历程及保护与更新模式。

本章教学要求：理解和掌握中国历史城镇的保护与更新历程，了解早期保护与更新的简单模式，理解国内历史城镇保护与更新存在的问题，理解和掌握当前历史城镇保护与更新的成就与未来。

5.1 中国历史城镇的保护与更新历程

5.1.1 历史城镇保护制度的建立和健全

我国的城市保护源自文物保护，而真正意义上的文物保护则始自20世纪20年代的考古科学研究。1922年北京大学设立了我国历史上最早的文物保护学术研究机构考古学研究所，后又设立考古学会。1929年中国营造学社成立，从文献和实地调查两方面入手，开始运用现代科学方法系统地研究中国古代建筑，并获取了大量珍贵的第一手资料，对不可移动文物的保护奠定了坚实的理论与实践基础。这一阶段保护的目的意识并不强，只是为了考古研究而保护遗址，仅是文物保护的初始阶段。1949年中华人民共和国成立后，我国文物保护工作才开始走上制度化、法制化，并且历史文化名城保护与历史街区保护逐步走向规范化。

1949年，我国开始逐步建立历史文化遗产保护制度，从最初的以文物保护为中心内容的单一体系，到“文物保护+历史文化名城保护”的双层次保护体系，后发展为重心转向历史文化保护区（包含历史街区）的多层次历史文化遗产保护体系。

自80年代起，国务院对北京、苏州、桂林等城市总体规划的回复中，即提出了历史保护的要求。1986年国务院在公布第二批国家历史文化名城的同时，首次提出了“历史文化保护区”的概念，并要求地方政府依据具体情况审定公布地方各级历史文化保护区；同时，文件中还明确地将具有历史街区作为核定历史文化名城的一条重要标准。

1980年的《城市规划编制及批准的暂行办法》、1983年的《关于加强历史文化名城规划工作》等，促使名城保护规划成为名城保护制度中的重要环节，使名城保护开始转向有序发展。1991年10月历史文化名城保护规划学术委员会明确提出将历史地段作为名城保护的一个层次列为保护规划的范畴。1994年9月建设部、国家文物局颁布《历史文化名城保护规划编制要求》，进一步明确了保护规划的内容、深度、成果及编制原则。这些都为历史文化名城的保护管理做了有益的探索。1996年6月由国家建设部城市规划司、中国城市规划学会、中国建筑学会联合召开的“历史街区保护（国际）研讨会”明确指出：“历史街区的保护已成为保护历史文化遗产的重要一环，是保护单体文物、历史文化街区、历史文化名城这一完整体系中不可缺少的一个层次。”并以屯溪老街作为试点进行保护规划的编制和实施，以及相配套的管理法规的制定、保护资金的筹措等的实践探索。

1997年，建设部在转发《黄山市屯溪老街历史文化保护区保护管理暂行办法》的通知时，明确指出“历史文化保护区是保护单体文物、历史文化保护区、历史文化名城这一完整体系中不可缺少的一个层次……”。这对历史文化保护区的条件、保护原则方法给予了行政法规性的确认，同时为各地历史街区管理办法的制定提供了范例，历史文化街区的保护制度由此建立。至今，从中央到地方都已经制定了多项相关的法规、保护管理条例等。（表5-1）

2002年10月，经第九届全国人大常务委员会修订通过的《中华人民

国内历史街区保护相关法规、条例及宣言 表5-1

类别	时间	名称	级别
法规	1931年	古物保存法	国家
	1932年	古物保存法实施细则	国家
	2002年	中华人民共和国文物保护法	国家（全国人大）
	2003年	城市紫线管理办法	国家（建设部）
	2005年	城市规划编制办法	国家（建设部）
	2005年	历史文化名城保护规划规范	国家
保护管理条例	1929年	名胜古迹古物保存条例	国家
	2006年	长城保护条例	国家（国务院）
	1988年，2006年修订	陕西省文物保护条例	地区
	1994年	云南省丽江历史文化名城管理条例	地区
	1995年	昆明历史文化名城保护条例	地区
	1997年	巍山彝族回族自治县历史文化名城保护管理条例	地区
	1997年，2004年修订	安徽省皖南古民居保护条例	地区
	1997年	苏州园林保护和管理条例	地区
	1998年	山西省平遥古城管理条例	地区
	1999年	广州历史文化名城保护条例	地区
	1999年	浙江省历史文化名城保护条例	地区
	2000年	厦门市鼓浪屿历史风貌建筑保护条例	地区
	2000年	云南省民族民间传统文化保护条例	地区
	2001年	哈尔滨市保护建筑和保护街区条例	地区
	2001年	南宁市历史传统街区保护管理条例	地区
	2001年	云南省丽江纳西族自治县东巴文化保护条例	地区
	2001年	湖南省武陵源世界自然遗产保护条例	地区
	2002年	西安历史文化名城保护条例	地区
	2002年	上海市历史文化风貌区和优秀历史建筑保护条例	地区

续表

类别	时间	名称	级别
保护管理条例	2002年	福建省武夷山世界文化和自然遗产保护条例	地区
	2002年	四川省世界遗产保护条例	地区
	2003年	苏州市古建筑保护条例	地区
	2003年	红河哈尼彝族自治州建水历史文化名城保护管理条例	地区
	2004年	长沙历史文化名城保护条例	地区
	2004年	杭州西湖风景名胜区管理条例	地区
	2004年	四川省阆中古城保护条例	地区
	2005年	北京历史文化名城保护条例	地区
	2005年	云南省丽江古城保护条例	地区
	2005年	云南省纳西族东巴文化保护条例	地区
	2005年	陕西省秦始皇陵保护条例	地区
	2005年	天津市历史风貌建筑保护条例	地区
保护管理办法	1986年	纪念建筑、古建筑、石窟寺等修缮工程管理办法	国家（文化部）
	1991年，1997年修订	上海市优秀近代建筑保护管理办法	地区
	2000年，2004年修订	杭州市清河坊历史街区保护办法	地区
	2001年	厦门市鼓浪屿历史风貌建筑保护专项资金管理暂行办法	地区
	2003年	苏州市历史文化名城名镇保护办法	地区
	2003年	武汉市旧城风貌区和优秀历史建筑保护管理办法	地区
	2004年	苏州市历史文化保护区保护性修复整治消防管理办法	地区
	2004年	无锡市历史街区保护办法	地区
	2005年	全国重点文物保护单位保护规划编制审批办法	国家（文物局）
	2005年	全国重点文物保护单位保护规划编制要求	国家（文物局）
	2005年	杭州市历史文化街区和历史建筑保护办法	地区

续表

类别	时间	名称	级别
保护管理办法	2005年	苏州古村落保护办法	地区
	2006年	福建省“福建土楼”文化遗产保护管理办法	地区
	2006年	苏州市地下文物保护办法	地区
宣言	1998年	保护和发展历史城市国际合作苏州宣言	
	2000年	“从传统园林到城市”宣言	
	2002年	保护世界遗产乐山宣言	
	2004年	世界遗产青少年教育苏州宣言	
	2005年	中国古村镇保护与发展碛口宣言	
建议	2006年	无锡建议——注重经济高速发展时期的工业遗产的保护	

共和国文物保护法》公布施行。原《中华人民共和国文物保护法实施细则》也随之修改，新的《中华人民共和国文物保护法实施条例》于2003年5月由国务院公布，2003年7月1日起施行。2004年6月，每年一次的“世界遗产大会”（第28届）在苏州召开。

建设部于2004年2月正式颁布《城市紫线管理办法》，对历史建筑提出了加强保护的要求。2004年3月，又印发了《关于加强对城市优秀近现代建筑规划保护的指导意见》，强调了对近现代建筑和名人故居的保护。以上海市为例，至2005年底，上海市政府已批准公布近代优秀建筑398处，其中包括沙逊别墅、大光明大戏院等61处首批近代优秀建筑，有四成以上已完成修缮。北京、杭州、苏州、天津等城市也加大了对城市近代建筑的保护步伐。

2005年，国务院下发关于加强文化遗产保护的通知，其中强调“进一步完善历史文化名城（街区、村镇）的申报、评审工作。已确定为历史文化名城（街区、村镇）的，地方政府要认真制定保护规划，并严格执行。在城镇化过程中，要切实保护好历史文化环境，把保护优秀的乡土建筑等文化遗产作为城镇化发展战略的重要内容，把历史文化名城（街区、村镇）保护规划纳入城乡规划”，并决定从2006年起，每年6月的第二个星期六为我国的“文化遗产日”。

5.1.2《苏州宣言》《北京宪章》《西安宣言》

5.1.2.1《苏州宣言》

1998年4月7—9日，来自中国15个和欧盟9个历史城市的市长或其代表相聚在中国苏州，发表了《保护和发展历史城市国际合作苏州宣言》(简称《苏州宣言》)。《宣言》提出“在当今城市国际化和各种飞速转变的急流中，唯有各地的历史街区、传统文化才能显示出该城市的身份和城市的文化归属，如何保护好它，使其继续长存下去，已成为该城市整体发展中最根本的因素”。《宣言》重申，城市本身的特征应集中体现在历史地区及其文化之中，城市发展的一个基本因素是历史地区的保护和延续。《宣言》呼吁制定有效的保护政策，特别是城市规划措施，保护和修复历史城镇地区，尊重其真实性；并提倡通过为居民提供资金和技术手段，鼓励采用传统建筑材料，并尊重文化的多样性来开展保护和修复工作，保证旅游能尊重文化、环境和当地居民的生活方式，并且保证由此而创造收入的合理部分能用于保护遗产，加强文化发展；保护并促进作为实体环境不可分割组成部分的无形文化遗产；制定提高公众认识和教育的计划，以便在遗产保护中能够征得当地居民的意见。《苏州宣言》强调了应根据社会和经济发展的需要，加强对历史城市的保护，并按照可持续发展的原则，为未来寻求保护的途径和方法。

5.1.2.2《北京宪章》

1999年国际建协第20届世界建筑师大会通过的《北京宪章》，提出现代化城市建设发展要保证“人类生存质量与自然和人文环境的全面优化”，贯彻可持续发展的战略，提倡一种“整合”的哲学思想来理解和解决问题。在这一前提下，《北京宪章》对文化遗产保护有三个观点突破：一是文化遗产保护已经成为人居环境的一部分，把保护融合于“人居环境循环体系”之中。“宜将新区规划设计、旧城整治、更新与重建等纳入一个动态的、生生不息的循环体系之中，在时空因素作用下，不断提高环境质量。”表明将保护历史性城市和地区纳入动态的人居环境循环体系之中，从生态观、经济观、科技观、社会观、文化观等更高更综合的视角来重新审视人类文化遗产保护活动。二是可持续性发展观，将保护活动纳入可持续发展的战略轨道，为城市保护寻求更高层面的理论支撑。三是广义建筑学观，“通过城市设计的内涵作用，从观念上和理论基础上把建筑、地景和城市规划学科的精髓整合为一体”，为文化遗产保护提供更广泛有效的保护策略。

5.1.2.3《西安宣言》

2005年10月17—21日在中国古城西安召开国际古迹遗址理事会第15届大会，发表了《西安宣言》。《西安宣言》认为：环境是历史建筑、古遗址和历史地区的重要组成部分。除实体和视觉方面含义外，环境还包括与自然环境之间的相互作用，以及非物质文化遗产方面的利用或活动。《宣言》提出环境的可持续管理，必须前后一致地、持续地运用有效的规划、法律、政策、战略和实践等手段，同时还需反映当地的文化背景。在历史建筑、古遗址和历史地区环境内的开发应当有助于其重要性和独特性的展示和体现；并对影响环境的变化进行监测与掌控，评估环境对历史建筑、古遗址和历史地区的重要性所产生的作用，并应制定定性和定量的指标。《宣言》认为，与当地、跨学科领域和国际社会进行合作，增强环境保护和管理的意识，提出与当地和相关社区的协力合作和沟通，是环境保护和管理的可持续发展战略的重要组成部分。在环境保护和管理方面，应鼓励不同学科领域间的沟通以及与自然遗产领域机构和专家的合作，将其作为对历史建筑、古遗址和历史地区及其环境进行认定、保护和展示的有机组成部分。《西安宣言》将环境对于遗产和古迹的重要性提升到一个新的高度。《西安宣言》不仅仅提出对历史环境进行深入的认识，还进一步提出了解决问题和实施的对策、途径和方法，具有较高的指导性和实践意义。

《西安宣言》是第一部由中国方面全程参与的重要文献。《西安宣言》

创新性地将文化遗产的周边环境保护作为遗产保护中的一个重要问题提出来，其意义非常重要，反映出我国文化遗产保护迅速发展的成就，是历史文化遗产保护理论的一大突破，也反映了当前世界历史文化遗产保护的最新趋势和学科发展的前沿。

5.2 早期保护与更新的简单模式

根据我国历史城镇保护与更新的实际案例状况，可大致将国内历史城镇保护与更新模式划分为两个阶段：早期不成熟阶段及后来沿用至今的多模式保护更新阶段。当然，由于历史城镇保护与更新的复杂性和时段性，这两种模式并不可能截然分离，而只是在大致时间跨度上各占据主要地位，有时还会有两种模式交错并进的情况出现。

5.2.1 早期不成熟阶段

5.2.1.1 "拆迁式"保护更新模式

众所周知，对历史文化遗产的破坏主要来自两大方面，一是自然性破坏，二是人为性破坏。几十年来，我们国家城市建设的巨大成就举世公认，但历史环境与城市文脉遭到破坏的程度较以往更为严重和彻底。王铁宏曾在部派城乡规划督察员试点工作座谈会上指出，一些城市随意对历史文化街区大拆大建，甚至毁坏历史文化建筑和街区，全国109座历史文化名城中有相当多的城市不同程度地受到了"建设性破坏"。

许多历史文化名城中的"旧城区（古城区）"都曾经有过繁荣的经历，往往是该城的核心地区，现在在城市中仍具有很强的区段优势，虽然历史建筑、历史街区等历史环境大都集中于此，但因目前大都成为土地增值最高的黄金地段，可观的经济效益使之成为城市房地产开发的热点——以获取高额利润为主要目标，追求单一的经济利益。在这种背景下，历史文化名城中很多重要的国家级保护建构筑物和历史环境遭到破坏，大规模的改造像一把剃头刀，无情地毁掉成片的街区，割断历史文脉，使许多应予以保护的文化历史景观遭受“灭顶之灾”。国家历史文化名城保护专家委员会主任周干峙曾评论指出：近年来，我们城市化的成绩很大，但也存在不少教训，其中包括没有保护好历史文化名城。周干峙提出，目前国内正处于城市化高潮之中，在这一进程里，文态环境保护远远落后于生态环境保护，有的城市只看近期利益，只考虑政绩工程，对具有珍贵历史文化价值的街区任意拆毁，使历史文化名城保护事业面临严峻局面。

（1）北京

北京历史文化名城保护经历了一个曲折的过程。辛亥革命后，对原有东西长安大街、朝阜大街道路进行改造，拆除了长安左右门和双塔寺，拆除了朝阜大街上的三座门，改建了金鳌玉栋桥；逐步拆除了东四、西四、东单、西单牌楼，并在城墙上开了一些豁口以改善交通。

从中华人民共和国成立到“文革”前这段历史时期的情况看，历史文化名城保护尚未得到充分的重视，甚至提出加快旧城改造的思路，对旧城保护极为不利，这也给后来北京历史文化名城保护造成了不利影响。从这一时期对历史遗产的态度看，其观点处于反复摇摆状态，时而强调要保护历史遗产，时而又提出加快改造，这可能是梁思成等一批专家主张旧城总体保护与一部分领导主张旧城改造的矛盾冲撞的结果。总之，计划指令对历史城市的大规模功能性改造，城市整体空间结构和城市形态遭到破坏，这时期开始的旧城改造对北京历史文化名城保护造成了一些损失，并对20世纪80年代城市发展高潮时更大规模的旧城改造埋下了伏笔。

由于思想上没有给予足够的重视，使相当一批有价值的文物古迹被破坏，造成不可挽回的损失。1950年，梁思成与陈占祥提出完整保护北京古城、另辟西郊行政中心区的方案，这被认为与苏联专家“分庭抗礼”而遭拒绝。50年代掀起了第一个建设高潮，期间拆除了崇文门瓮城，天安门广场上的东、西三座门，东、西长安牌楼，北海大桥两端的金鳌玉蝀牌楼等。1958年，北京明代修筑的古城墙开始被拆迁，到60年代更是

被连根挖掉。为迎接中华人民共和国成立10周年，改造了天安门广场，拆除了中华门、千步廊、五部六府等古建筑。1967年1月，原国家建委发出通知暂停北京城市总体规划的执行，强调要发扬“干打垒”精神在城区见缝插针；在北京城区建设了一批简易楼房，不仅建设标准很低，更破坏了北京的历史风貌。在风景区和文物建筑内开工厂、挖煤窑，对历史文化名城造成了极大破坏。六七十年代为了修建地铁和二环路，拆除了北京的内城和外城城墙，兴建了一批立体交叉桥。这些建设工程使北京旧城风貌、城市道路布局和城市轮廓线发生了较大变化。这不仅使历史文化名城保护工作处于停顿状态，还由于对大量的文物建筑和居民四合院缺乏必要的修缮而使其破旧不堪，有的甚至成为危房。尤其在十年动乱期间，把文物、古迹视为“四旧”，导致大多数庙宇被不同程度地破坏，不少珍贵文物被捣毁。北京旧城原有的总长约22.5千米的城墙，22座内城门楼与箭楼、14座外城门楼与箭楼、14座勾城角楼与4座外城角楼，都在这一时期遭到毁灭性破坏。旧城街道上原有的40多座牌楼和门楼也在这一时期被陆续拆毁或“搬迁”。北京城内原有大量建筑极其精美的王府，其中大部分一直被部队和政府机关占用，大都遭到任意拆改，糟蹋得不成样子。有的重点文物保护单位，如以雕塑、壁画著称的古刹圣安寺、延寿寺铜佛、清河汉城遗址等都因破坏严重而丧失了文物价值；一些重要的文物建筑周围环境遭到破坏，如拆除了白塔寺山门建起了新楼，天宁寺塔边竖起了180米高的烟囱，天坛内堆起了土山；还有的随意毁坏古代园林，任意拆改古建筑，在古建筑内开工厂，在文物建筑院内插建新楼房的事时有发生，甚至有的单位因管理不善造成文物建筑失火被焚。

近年来北京在旧城保护方面做了大量工作，特别是在规划和立法方面，但遗憾的是由于历史原因和城市发展速度太快，加之法制建设严重滞后，保护力度不够，破坏速度远远快于保护速度，近十几年古城保护状况不断恶化。1990年北京市出台了第一批25片历史文化保护区，至1999年才具体划定25片历史文化保护区保护和控制范围。实际上两者应同时出台，只有在明确保护和控制范围之后，才能使各项保护措施落到实处。直至2002年北京市才编制完成《北京旧城25片历史文化保护区保护规划》，后又在2005年完成《北京历史文化名城保护条例》。而这十几年正是北京城市建设飞速发展时期，同时也是对旧城破坏较为严重时期。我们经常看到的现象是规划线就是拆除线。尤其在20世纪90年代初期兴起的以城市开发为主的危旧房改造片面强调城市地区的现代化功能的改造，在旧城区拆除了大片四合院，插建了大量新建筑。这样做导致的结果是：一方面传统街区内插建的新建筑与街区整体风貌不协调。新建筑由于体量很大，高度是传统四合院的五六倍，甚至更高，在传统街区里就像是“羊群里的骆驼”，而且其形式也与传统街区风貌相差甚远，从而产生了整体景观上的凌乱感。最典型的是东方广场。东方广场位于东长安街王府井最南端，距天安门广场1千米左右，这一地带的规划限高是30米，而最终东方广场建成了高度分别在70、60、50米左右，建筑规模90多万平方米，建筑容积率接近8的庞然大物，严重破坏了旧城的传统风貌；另一方面是大规模的危旧房改造，采取“推光头”式的开发模式，不仅拆除了占旧城30%的四、五类危房，也拆除了占旧城60%的能够维修使用的三类房屋，甚至包括一些应予保护的风貌较完整、保存尚好的四合院。在以上两种力量的作用下，北京旧城的传统风貌严重失损。比如内城的金融街、东方广场、东城南小街以东地区、隆福寺地区，外城的花市地区、牛街地区，甚至皇城内的北河沿地区也因房地产开发而使原有历史风貌无存。保护区外的红星胡同、东堂子胡同在推土机的轰鸣声中消失；保护区内的也不能幸免，南池子被部分拆除重建，南长街的大部分被夷为平地，什刹海保护区内的旧鼓楼大街被大面积拆除。《北京旧城二十五片历史文化保护区保护规划》在保护区内仍划出了可拆范围：保护区被分为重点保护区和建设控制区，其中建设控制区是可以“新建或改建的”，这就为历史文化区的保护留下了隐患，也为某些谋求局部利益的单位和个人留下了可乘之机，况且这些建设控制区占到第一批公布的25片历史文化保护区总面积的37%之多。

北京房地产开发热潮迅速深入北京历史文化名城的核心区东城、西城（含原崇文、宣武区）。大规模改造客观上给北京旧城风貌带来了较大的冲击。据不完全统计，从1990年到1999年的10年间，北京累计开工建设危改小区150片，拆除危旧房屋436万平方米。从2000年到2002年，拆除危旧房屋443万平方米。1949年北京旧城共有建筑约2000万平方米，其中平房四合院1300万平方米。2003年这些保留着历史信息的建筑总量已不足1949年的四分之一，拆除的部分很多是价值较高的房屋和院落。1949年旧城共有胡同7000余条，到20世纪80年代只剩下约3900条。随着旧城区改造速度的加快，胡同更是如同雪崩般地消失，2003年宽度在20米以下的胡同街巷仅剩1600条。根据清华大学建筑学院2002年2月卫星影像技术提取的信息表明，除北京历史文化保护区和主要文物建筑外，支撑北京旧城风貌的老胡同、四合院现在只占旧城总面积的14%，其中有一部分已列入近期的危改项目中。

此外，尽管政府采取了相当的措施来保护文物建筑和历史街区，但是仍然有一些文物建筑没有得到有效的保护。比如恭王府的腾退工作早在30年前就开始了，但一直被拖延，只是在国务院领导同志的直接关心下，多数单位才逐步腾出文物。还有的文物建筑被占用，导致其中一些文物价值很高的建筑已经因年久失修而濒临毁坏。此外，有的单位在文物保护范围内开餐馆、建网球馆，典型的例子有日坛、地坛等。历史街区的问题主要是建设性的破坏，如南池子的改造使原有的历史风貌受到破坏，牛街则因为危改而使原有历史风貌荡然无存。

目前，北京提出的历史文化保护区规划只是解决微观问题的办法，但仅仅是历史文化保护区加上文物保护单位也只占了旧城的40%多，剩下的地段如何处理？如果不再加以保护，一律按以往的方式去改造，那么，北京历史文化名城的整体形象将会进一步被破坏，已确定的保护下来的地区和文物并不能完整体现北京历史文化名城的整体风貌。

（2）济南

我国著名的历史文化名城保护专家、国家历史文化名城研究中心主任、同济大学教授阮仪三的一段话，可以作为济南历史街区保护现状的一个极好的概括，他说："据我了解，济南的古街巷拆得很多，剩下的已经很少了。作为一个历史文化名城，在拆旧建新之前必须认真听取专家的意见。要知道，这样一拆就永不再生了。中国的历史文化不是保护得太多，而是太少了，济南则更是'太太少了'！看国内其他一些城市，凡是文物保护好的，一般都能取得比较好的经济和社会效益；而那些乱拆乱建的，往往会后悔。"这是对济南历史街区保护状况的一种宏观描述，实际情况也的确如此，从司所二街到高都司巷的拆除，从馆异街到经一路的拓宽工程，济南历史的点点记忆就在这城市建设的热潮中消失了。现存比较典型、风貌比较完整的历史街区就剩下芙蓉街—曲水亭街地区，其余的只剩下了零星的印迹。

历史上的济南文庙沿中轴线自南而北曾经依次有照壁（又称万初宫墙）、大成门、泮池、棂星门、大成殿、明伦堂、尊经阁等，中轴线两侧有乡贤祠、节孝祠、名宦祠、崇圣祠等。中华人民共和国成立至今，原本气势恢弘的文庙大部分建筑陆续被拆除，现存主要建筑有影壁、大成门、大成殿、伴池和五孔桥，而且已是砖残瓦破，或被其他单位长期占用，处于岌岌可危的境地。

此外，在济南不仅许多重要的历史街区在城市建设的名目之下被铲平建起了高楼大厦，许多具有不同时代风格的老建筑也同样命运不济，如具有德国文艺复兴时代初期风格的济南老火车站被拆除。开埠是济南走向近代化的标志性历史事件，留下了相当一批西式近代建筑，济南老火车站就是商埠区的标志性建筑，标志着那一段历史和那个时期的建筑风貌，也向人们昭示着商埠区曾有的辉煌，对这些建筑无疑应该严格保护。可就是这样一座有着重要审美和历史价值的建筑，却因为"是殖民主义的象征"而被拆掉了。除了经纬相隔的街巷格局和散落其中的近代建筑，商埠区的整体风貌已为现代化的建设所淹没。济南投入22亿"巨资"拆迁了44万平方米、43个片区，大量特色街道消失在推土车轮下；最能展现其"家家泉水，户户垂柳"传统风貌的历史街区芙蓉街—曲水亭街在整治工程中从"一条济南独有的古商业街变成仿古建筑一条街"，其直接原因是"施工队仅参照效果图进行施工"，"把老房子拆得只剩下几根梁柱"。济南在风貌保护区内随意建造高大和极不协调的建筑物的情况比比皆是，许多高大建筑物的建设，不仅与历史街区的风貌极不协调，而且破坏了这座老城的轮廓线。例如汗源大街上现代化大厦的建设，挡住了千佛山通往老城的视线，使得济南八景之一的"佛山倒影"无法再现。

（3）福州

福州"三坊七巷"历史街区迄今历时1600多年，现存的古建筑都为明清时期所建。街区面积只有661亩，排列整齐，纵向有序，迄今依然保留了200余座始建于明清的大院。中央电视台《实话实说》栏目中，专家将其与闻名海内外的山西平遥、云南丽江、江苏周庄相提并论，评价其为"可申报世遗的历史文化名城"。2006年6月，在国务院核定并公布的第六批全国重点文物保护单位上，"三坊七巷"名列其中。

1993年，福州市政府和福建闽长置业有限公司（长江实业下属公司）签订协议：在5-7年内将"三坊七巷"改造成集文物和商贸、旅游、文化、住宅、娱乐于一体的街区。规划由4座13层商住楼和1座26层办公楼、1座6层立体停车库组成。方案总征地661亩，总建筑面积93万平方米。按协议规定，工程需要保护其中42处古建筑、名人故居和36棵古树名木等，所需费用由闽长公司负责。城市历史文物本应由政府自己来规划保护，政府却一股脑地抛给了房地产开发商。而当时签下合同的福州市政府却很庆幸：一纸合同，既更新了城市，又保护了文物，一举两得。也许正是因为这样的原因，合同约定以每亩98.95万元极其低廉的地价将"三坊七巷"土地使用权整体以"熟地"形式出让。

2003年，一期工程72.12亩地的开发建设部分完工，这个被命名为

"衣锦华庭"的高层住宅项目由4座13层商住楼建成，使得"三坊七巷"古街去被削掉一角，原有老宅被拆除，范围内三处文保单位一处被保留成为高层住宅中的"盆景"，两处以"易地重建"的方式拆迁后不知所终。加上"三坊七巷"南侧的光禄坊和一街之隔的吉庇巷被辟为马路，"三坊七巷"实际上只剩下"二坊五巷"。整个一期项目运作下来后，政府收入约为7000万元，而用于拆迁的费用就超过1亿元，拆迁安置用地使用了其所在的鼓楼区政府最好的城市储备用地。

2004年，开发商欲再度开发一期工程中另30亩用地项目，这个项目建成后将紧逼林觉民故居，其他文物也会受到影响。保护文化遗产之争再起，工程暂时停建。"三坊七巷"再度引起上至福州乃至福建省政府要员，下至平民百姓以及诸多社会团体和著名专家学者的强烈关注。在此期间，福建省政协曾印发了《福州"三坊七巷"和朱紫坊保护调查问卷》，市民100%的回答否定了"旧房拆除，有文物价值的迁到其他地方重建"和"完全让房地产开发商去改造"这两种观点。到2005年12月，在政府的大力斡旋下，经过多年谈判，福州市政府与闽长公司终于终止了"三坊七巷"保护改造项目合同，政府收回土地使用权，这份至2043年到期的50年合同在实施12年后终于终止。此时，该地段的地价已涨至每亩300万元。一坊两巷被拆除后建了一圈高层建筑，由于缺少资金只盖了八层。中老坊巷最终没有彻底消失，但已被破坏到伤痕累累。当年福州"三坊七巷"的这种改造模式基本着眼于大规模商业性开发以及其带来的经济利益，使得历史街区的传统风貌遭受了很大的损失。

（4）泰安

泰安历史文化名城已经承受了高速城市化所带来的巨大冲击，并付出了沉重的代价，而且还将面对更大的冲击。历史上曾享誉"神州"的泰城，天下驰名，如今快速膨胀的城市使历史文化名城保护区被"挤压"得失去了光芒。

泰安古城墙，始建于金代，明代两次重修并建石城，清乾隆年间对城区又进行了两次重修并建鼓楼。“城周七里六十步，高二丈五尺，厚二丈，深二丈，设四门。”这座较完整的城墙从北伐战争起开始遭破坏，较大的破坏是在解放战争时期，但是真正较为严重的破坏却是在20世纪50年代，当时为了修青年路，拆掉城墙填了护城河。从那时起，泰安古城的老街巷、老街区开始逐步拆除改造，有的寺庙也被破坏和占用。泰安真正大规模的拆除改造是在20世纪80年代，差不多用了10多年的时间，几乎将老城区改造了一遍，原来铺有石板路、两侧建有传统商铺的大观街、二衙街、迎暄大街等被拆除改造，代以现代化的柏油路和两侧的高楼大厦，传统的居民区和四合院也基本上清除殆尽，古城传统道路网格局也大部分被宽机动车道系统所取代，就连岱庙两侧所残留的最后独具特色的石板路也被沥青路面覆盖。老城东侧护城河水道、湖面也被填平，变成绿地和楼房。整个老城除保留了岱庙和周围古建筑群及贯穿其中的老城南北中轴线，以及周围的零星古建筑外，基本变成了一座“新城”，就连古城中贯穿南北的中轴线也在80年代后期进行了改造，两侧的建筑物除重点部位被“假古董”所代替外，其余部位也已变成洋房、楼群。中华人民共和国成立初期以岱庙为中心的古城约占城市面积的1/3，如今以岱庙为中心的历史街区都只占到城市面积的10%左右，原来古城中古朴的石板路和商肆街坊、清静淡雅的老街区，变成了车水马龙、灯红酒绿的繁华市区。城中最大的古建筑群岱庙及其南部遥参亭、岱庙坊古建筑群、北部的岱宗坊虽然保留了下来，但岱庙古建筑群周围高楼四起，岱庙内也被插建了平顶的现代建筑，特别是90年代初期市政府两座二层办公楼在岱庙内的东部建设，引起了国家建设部、文物局和国家历史文化名城专家们的高度重视，也由此使泰安市第一次申报国家第三批历史文化名城工作未能通过。

泰安历史文化名城保护难的状况，是全国历史文化名城保护普遍状况的一个具体反映，随着经济社会的发展，实施旧城改建，改善城市基础设施，改善居民生活环境，本是一大好事，但改革开放以来，经历连续

10多年的旧城改造，城市的历史面貌发生了巨大变化，泰安和不少历史文化名城一样，很难找到一片完整的历史文化街区。

（5）其他城市

成片危旧改造是地方政府用于改造环境相对较差地区的通常做法。例如，上海市委和市政府于1980年先后两次发出指示，要求“对重要地段的棚户、简屋区，要分期分批地进行成片改造”。1980年至1990年年底，10年内共拆除棚户、简屋、危房和旧房846万平方米。

杭州古城的大规模改建是从1979年开始的。从1986年起，杭州市提出了“住宅建设实行改造旧城与建设新区相结合，以改造旧城为主”的方针，住宅建设进入了城市历史街区。1993年，杭州市决定用8年时间基本完成市区旧城改造任务，旧城改造全面启动，一时间杭州市区大片大片的历史街区和传统民居群被拆除。据不完全统计，到1999年年底经审批许可拆迁旧房面积670.21万平方米，其中1999年拆除旧房119万平方米，拆迁居民（单位）1.24万户。

历史文化名城南京总长35.27千米的明都城墙，依山就势，古今中外独一无二，是世界上保存至今最长的都城墙。但在43平方千米的都城墙内已出现8层以上的建筑近千幢，其中30层以上超高层建筑40余幢，大规模的更新改造使老城的空间形态和城市肌理遭到严重破坏。1993年，四川宜宾为建设四川省轮船客运站大楼等工程，拆除一段百余米长的元明时期的古城墙。1993年，青海省机械厅擅自在西宁市市级文物保护单位——明代城墙处多次施工，挖毁城墙65米，破坏墙体1万立方米。1995年，成都市建筑机械化公司连续三天通夜施工，将长100米的明蜀王府皇城城墙及城门遗存以及大型冶铸遗存总面积约4000平方米，全部铲掉挖毁……这样的事件不断发生，对我国的城市文化遗产资源造成了无法弥补的损失。

在成片的危旧房改造中，一些具有历史价值的遗产被以“成片”改造的名义简单粗暴地拆除。如天津老城厢由于其所处的市中心黄金地段，在新制订的旧城改造规划中已变成高层林立的商贸中心，这一已具600年历史的地段将永远消失了。沈阳市几年内就将保留着城市原来历史风貌、文化遗存和地方风情的旧城区基本拆迁改建完毕，传统风貌荡然无存。徐州市的户部山仅留存了几幢保存完好的传统民居，其他房屋全部拆光，却申报为历史街区。还有昆明，拆除了历史风貌完整的青云街，仅存的历史街区胜利堂文明街也成为房地产商开发争夺的目标。湖北省襄樊市极具历史价值的古城墙因城市规划失误而被毁于一旦；河南省安阳市穿城修路的行为，严重破坏了殷商古城历史街区的原有风貌；山西省太谷县曾是与平遥齐名的“古票号业”中心，近几年遭到大面积拆建改造，历史品位大跌；贵州省遵义市将遵义会议会址周围的历史建筑群全部拆毁，以修建所谓的标志性广场，展示“政绩”，缺乏历史建筑载体的会址已成一座“孤岛”；鸦片战争战场定海古城被夷为平地；长沙福源巷37号“左公馆”一夜之间被铲平；襄阳部分宋明城墙一夜之间被推倒；南京老城已经拆迁改造完毕；郑州以“一路、一区、一城”为标志，古城全部翻新。目前扬州5.09平方千米明清古城范围内，风貌完整的历史街区已不足1.76平方千米，汉河路以西传统风貌更是丧失殆尽，仅存的古城区风貌也不容乐观。特别是浙江省舟山市，违反国家有关文物保护和历史文化名城保护的政策法规，在旧城改造的名义下，对历史文化名城定海的历史街区大肆拆毁，致使国家珍贵历史文化遗产遭到不可弥补的损失。

5.2.1.2 “假古董式”的保护更新模式

有的历史文化名城在旧城更新和房地产开发中，不切实际地搞所谓大手笔、大气魄，进行大拆大建，过度开发，并为迎合某些市场的口味及旅游开发需要，将原来留存的历史遗迹或周边的历史建筑拆除，大部分在没有任何文字、图片等依据的前提下，凭空臆造建筑的历史原状，对历史进行盲目地复原，结果成为名副其实的“假古董”。

北京1981年改建琉璃厂文化街。为保留其特有的风貌，按步行街进行规划，建筑形式按晚清年间北方的民居、店堂形式修建，分期完成。第一期改建长500米、建筑面积为3．4万平方米的54个店面。1985年初，除荣宝斋及个别字号外，竣工交付使用。该工程是典型“拆真古董，建假古董”的仿古做法。从北京琉璃厂拆除原有传统建筑建新的仿古建筑开始，全国陆续出现了承德的清代一条街，开封的“宋街”，沛县的“汉街”，使许多有价值的历史街区沦为“假古董”。武当山“复真观”被改建成宾馆；黄山汤口历史街区被拆毁，搞黄山旅游服务基地等，也是这方面的典型案例。历史文化名城天水“拆除传统风貌较好的孔庙前的传统建筑及相邻的中华路（学街），而在此处建了一些仿京式琉璃瓦的商店及有马头山墙、与地方风格完全不符的仿古一条街”，以“假古董包围真古董”——这既是“拆真建假”，也是“文脉混乱”的例证。“这实质是打着建设开发的旗号，进行历史大破坏，导致原有的名城风貌面目全非，失去原有文化韵味。‘形象工程’的突出表现是将历史文化街区中的居民全部迁出，作为旅游区经营。……总之，在破坏原有历史遗迹的基础上建造出来的‘假古董’，可以算得上是‘时任’领导的政绩，而给后代留下的却是难以延续的断代史。”以保护和发展旅游为名拆旧建新，将留存的历史遗迹或其周边的历史环境拆除重建，或者整修一新，用仿古建筑取代原有的历史遗存，甚至在重要的保护区拆除那些尚可保存的历史建筑物而建造仿古建筑，这对于历史遗存保护工作是毁灭性的。

（1）常州蓖箕巷

常州有“中吴要辅，八邑名都”的美誉。在近几年的大发展中，常州市内一栋栋现代化的高楼大厦拔地而起，随之消亡的是城市的传统历史风貌和地方特色，常州市80%的历史建筑、历史街区被夷为平地，20%劫后余生的部分历史街区也因认识上的偏差，实施部门不懂正确保护方法和维护技术，文化遗产的原真性尽失。其中，最典型的是蓖箕巷的破坏。常州自古就以制作蓖箕和木梳而闻名，素有“宫梳名蓖”之盛誉。蓖箕巷整条街巷，家家户户以制作梳篦为生。乾隆南巡时，在毗陵骚登岸进城，见沿街尽是梳蓖作坊，便将此地赐名“篦箕巷”，明清毗陵骚都设于此巷。这么一条文化底蕴深厚的历史街区也难逃厄运，篦箕巷在所谓的“城市美化”浪潮中被夷为平地，变成了景观大道，附近地区也建起了高楼。后来，由于申报历史文化名城的需要，加之拆除的古建筑“逝者如斯”，于是开始大规模兴建“假古董”。篦箕巷景观大道一侧，修起了“明长城”等仿古建筑，其形制尺寸、体量规模无法与原物相比，成为城市建设中假古董的反面典型。

（2）山东中华文化标志城

2008年3月1日，山东省有关领导在国务院新闻办公室举行的新闻发布会上高调宣布将在济宁建中华文化标志城，并出资890万元在全球征集建设方案。这个号称投资300亿元的规划设想，在接下来召开的全国两会上引发100多位政协委员签名反对和公众舆论的广泛质疑。

中华文化标志城规划建设区域为孔孟故里，即山东省济宁市孔子故里曲阜与孟子故里邹城两座国家级历史文化名城之间，面积300平方千米，距离世界文化遗产“孔府、孔庙、孔林”不过10千米。全国政协委员、中国社科院考古研究所汉唐考古研究室主任安家瑶认为中华文化标志城若建在济宁九龙山，就会人为地全面改变“三孔”的环境，违背申报世界遗产时的承诺，而且容易引起河南、陕西、山西等拥有更多更久文化遗产省份的不忿，导致各地争相效仿，以弘扬文化为名，大搞城市建设之实。

（3）遵义会议旧址

贵州遵义只保留了一幢纪念建筑（遵义会议旧址），将街上其他房屋全部拆光，重新建造所谓民国初年式样的房子，还设计了一个大广场供举行大型社会活动。走在这样的布景式的复古街道中，现代化的建筑材料充斥其中，看不到岁月风云留下的任何痕迹，物质上的相似性填补始终无法解决其文化内涵缺失的真正处境。这种简单的形式仿制，只会造成城市肌理和文脉的错位。

近年来各地文化建设之风此起彼伏，受争议的巨额文化工程不断出现：河南新郑市投资1.8亿元建造炎黄二帝巨像、广西桂林市开建东方巨龙主题公园耗资5亿美元、山西临汾市为主办的洪洞寻根祭祖大典兴建场所花费2.2亿元，而国家每年用于文物保护的专项资金只有十几亿元。我国古城墙保存完好的六大古城之一的荆州，确立了三国文化发展旅游的思路。但现在三国公园内基本没有具有可读性的三国古迹，古城内却新建了几处仿古一条街，建起了各类名目的三国酒楼。位于古城郊区的八岭山古墓群的墓室竟被商家装修成各类卡拉OK厅，充满着现代的材料、现代的技法。

文化是积累的，文化城不是人为打造的，真正的文化遗产在历史环境中保存着深厚的底蕴，不仅能在今天为我们提供直观的外表和建筑形式的信息，更重要的是其文化内涵的物化载体，能传递至今尚未被世人完全认知的历史和科学信息。文化遗产不是现代人花巨资就能建设出来的，任何所谓的“文化标志”都代表不了博大精深的中华文化。

5.2.1.3 “冷宫化”的保护更新模式

保护方式“冷宫化”，即名城对城市传统的动态特征缺乏认识，把保护理解为单纯的封存、保留，保持不动，保护区的一切采用“博物馆式”的封存，与城市生活隔离。“梁陈方案”不被采纳导致北京古城风貌区的破坏，吸取这一惨痛教训，进入20世纪80年代我国开始采取古城之外另辟新区的城市发展模式。这种保护模式能够给破坏之中的古城一个喘气的机会，使老街区的历史文化遗产在一定程度上得到较为完善的保存。但是这样对城中的历史地段保护而不利用、不闻不问，同样会造成严重的后果。随着城市经济的快速发展，城中的老区得不到应有的重视，没有具体有力的政策扶持，得不到充裕的资金和周到的关照，就好像旧时宫中的弃妇一样被打入冷宫，生死由命，再无人问及。历史城镇疏于最基本的修缮和维护，市政设施不足，环境质量低下，旧建筑破损加剧，整体居住条件恶劣，居民只得通过自发的、无序的加建改建来满足生活需求，由于缺乏保护意识和专业技术的指导，一些失当的行为对传统居住空间和历史环境造成了破坏，精美民居院落“杂院化”，部分文物建筑“废墟化”。日益拥挤的人口和建筑还构成了城镇的安全隐患。经年累月的恶性循环下，保护区老区的人口骤减，城市机能日渐衰落，城市的中心地位逐渐弱化并被新区代替，老区明显地失去往日的繁荣。作为历史文化名城，历史城镇本应该是充满生机与活力的，对城市的经济发展起到促进作用的，现在反而成为最破旧、人们最不愿接近的地方。政府虽然有能力把传统遗存的一部分保留住，却难以维持其存续的长期负担。这种方式非但不能积极对待保护问题，而且使传统失去生机，与历史保护的本意相违背。

当前历史城镇普遍存在下列问题：一是人口拥挤，住房困难，而且老城区的居民收入普遍偏低。特别是人均10平方米以下住房困难户集中分布在历史街区内，一个二三百平方米的传统民居院落往往居住着10户以上的居民。例如北京前门大栅栏地区，2005年改造前有常住居民57551人，人口密度大，其中60岁以上9914人，残疾963人，失业登记4427人，社会低保929户。由于居住条件差，导致许多年轻人逐渐离去。二是传统建筑年久失修，严重老化。历史街区内的传统建筑相当一部分由于长期得不到正常修缮，房屋严重老化，“危、积、漏”问题非常严重。如北京历史城区内，传统建筑中危房比例已由新中国成立初期的5%达到目前的50%以上。此外，北京历史城区内多户居民没有自家的卫生间，每天需要去较远的公共厕所；没有燃气管道和集中的供暖设施，大多数采用煤炭取暖，不少院落还在使用公共水龙头，甚至高峰时期供不上自来水；随着家用电器迅速增加，供电线路和设备负荷明显不足，到处可见随意缠绕的电线；胡乱放置的煤气灶等火灾隐患严重等。面对这种无上水、无下水、无煤气、无暖气、无厨房、无厕所、无阳台、无壁橱、无车棚、无绿地的状况，居民戏称为“十无户”。2005年苏州古城有人口约29万，新中国成立前一家一户的私家住宅，现在一般要住到四五十户，最多的要住七八十户，如尤先甲故居现有住户78户，潘奕藻故居现有住户61户，人均居住面积16.4平方米，过高的人口密度增加了名城保护更新改造的动迁成本。古城内住房大多为砖木结构，建筑高度一般为1-2层，采光较差，阴暗潮湿，保温隔热以及隔音性能很不理想。房屋保存时间相对较短，缺乏必要的保养和维修，加上人为的破坏和自然的侵蚀，危房比例逐年增加。房屋设施落后，无单独厨卫设备，居民生活基本上采用原始的“三桶一炉”(马桶、水桶、浴桶和煤球炉)。基础设施老化，由于长期超负荷使用，加上缺少足够的维护和保养，基础设施明显老化，市政配套设施严重不足，广场绿地少，不能满足居民生活需要。青岛市旧城居住环境拥挤，核心区居住密度高达1209人/公顷，造成居住面积低，配套设施不敷使用，绝大部分居民对自己的居住条件不满意。同时旧城基础设施老化与短缺，暖气与煤气设施普遍缺乏而不成系统，历史建筑的供暖与供气率极低，一般多为居民自行改造供暖。给排水系统的供量不足，在南部城区雨水管大部分沿用德占时期的蛋形管、暗渠、明沟等，虽然污水处理系统较为完善，但管径普遍偏小。而北部城区雨污混合，管网缺乏系统，造成污水自由排放，对城市后海水质影响严重。据城市市政管理局的粗略估计，每天排向后海的污水不下十余吨。同时电力电信等管线架空较多，严重影响城镇环境氛围，形成视觉污染。上述居住状况导致旧城居住人口趋向老龄化和贫民化。尽管很多地段是历史上的黄金地段，许多年轻人因为居住在旧城区而感到惭愧，纷纷迁往东部新城，结果其父辈留在旧城区。这些老年人靠微薄的退休金生活，整个城区的家庭平均收入开始下滑。以旧城核心区为例，1999年家庭收入不足16800元，比青岛市的平均收入18665元还低10%。再以厦门鼓浪屿为例，鼓浪屿的户籍人口维持在16000人左右，除福州大学工艺美术学院师生1700人，岛上居民只有14300人。从20世纪30年代到80年代，除上山下乡外，人口从未像现在这样大规模流失，至少维持在2万人左右。1万多居民中，有4000多是外地人，以安徽和四川人为主，从事导游、照相、特产贩卖、搬运等工作。

在14300名岛上居民中，老年人口3284人，占岛上居民的21%，老龄化问题十分严重。居民经济水平也不乐观。据厦门市当地部门称："低保人口占到了总人口的17.7%，远远高于厦门市3.1%的平均水平。"鼓浪屿由中国顶级豪宅区变成今天衰老、贫困、落后的岛屿，是其独特的临城型历史保护区的"冷宫化"效果使然。

新与旧的交替是事物发展的规律，想要"原汁原味"保护，既不可能，也不现实。如何在新旧交替的复杂过程中，求得一种协调、一种共生，应该是历史城市保护的根本目的。

5.2.1.4 "局部化"的保护更新模式

当前不少一般史迹型名城在历史遗产的保护中，存在着"局部化"现象。保护观念"局部化"即历史文化名城保护缺少"整体意识"，就局部论局部，没有把局部城市遗产的价值、对其保护的目的和意义放在整个城市的背景中进行考量。形象地说就是"势利眼"加"近视眼"，其结果导致城市历史遗产分化严重：国家级的文物保护单位往往成为城市的宠儿；级别低的则遭受冷落，甚至难逃被拆毁的命运；至于作为"背景"存在的传统民居和住区，就更容易成为城市大规模开发所"围剿"的对象。被明确划定为保护对象的各级文物保护单位尚且命运多舛，历史名城中"平凡"的传统民居及由它们所组成的传统住区，就更加难以得到及时而适当的保护。与"费时费力见效慢收益低"的"有机更新"相比，推倒重来的大规模开发更能在短时间内显示城市发展的"业绩"。于是，城市中能够代表地方特色和具有一定质量的传统民居越拆越少，所剩无多。

由于历史建筑和历史街区的被破坏和消失，城镇已经不具备集中展示传统风貌的条件，一些保存下来的重点遗存散点状地分布在城市各处，像一个个孤岛，淹没在"现代风貌"的楼宇和街道之中，不仅历史遗产因为缺少了历史环境的衬托而失去风采，还造成了城市风貌中"历史文化"主题的淡化和城市形象的趋同。

云南建水的指林寺是云南省重点保护单位，号称“临安首寺”，素有“先有指林寺，后有临安城”之说。然而如今指林寺旧址为党校占用，仅存的一殿一坊藏在党校的一些后建建筑之间，如果不经人指点，即使拿着地图也未必找得到它。那座建于元代元贞年间（1295-1297）的大殿，周围被用于招待所的二层楼房紧紧环绕，其间距之狭可用“一线天”来形容；而造型优美的木构牌坊更是面对着餐厅后面的杂物院。张掖也是这样，张掖大佛寺的寺院和佛塔被现代建筑“火柴盒”所包围，处境尴尬。即使在寺庙中，也不时有旁逸斜出的烟囱、楼宇破坏了古寺中原有的意境和画面。类似错误也出现在长沙清水塘毛泽东的故居，周围房屋被拆光，故居成为花园中的小茅屋。还有江苏淮安的周恩来故居，小巷成了汽车路，拆光了居民的房子，修成了停车场。

此外，保护的“局部化”还表现在对未列入“历史建筑”的传统风貌建筑的漠然。以厦门为例，根据《厦门市鼓浪屿历史风貌建筑保护条例》规定，历史建筑指的是“1949年以前在鼓浪屿建造，具有历史意义、艺术特色和科学研究价值的造型别致、选材考究、装饰精巧的具有传统风格的建筑”；同时，根据条例规定确定了82栋重点历史风貌保护单位和125栋一般历史风貌保护单位。而其余的传统风貌建筑，除了废弃不用的，大部分每栋住着3户人家以上，无论从理念还是经济上，他们都没有保护建筑的意愿，政府也弃之不管，结果就是庭院荒芜、房屋破败的局面。英国伦敦有1.8万幢建筑列入历史建筑名录，法国巴黎有超过4000幢列入历史建筑名录。英国的保护建筑分为三个等级：第一级是具有杰出的或者卓越的价值，以及具有非同寻常的代表性的建筑物，如大教堂等，占建筑遗产清单总数的2%。第二级是具有极其重要地位但不能列入第一类清单的，如乡村别墅和教堂，占建筑遗产清单总数的4%。第三类是遗产名录上剩余的94%，具有特殊的价值，但不足以成为最精华的部分。可见，我国在对城市遗产的保护范围上，缺少的部分对应的正是英国遗产名录上的第三类，而这一类显然数量巨大。因此，在对城市历史遗产认知方面，我们还需要进一步提高。

保护“局部化”现象的不断产生也意味着名城传统风貌整体性的逐渐消退，名城作为“城”所应具有的空间特征被削弱了。仅靠几个孤立的“点”或“岛”作支撑，名城形象显得单薄，毕竟历史文化名城的价值不应体现为几个重点遗存的简单叠加，而是在文化遗产层面表现出相当的丰富性、多元性和整体性。

5.2.2 近年来的多维度保护与更新模式

近20年来，随着国家相关历史保护与法规、政策的进一步完善，许多城市已经意识到了对历史街区进行“推土机”和“假古董”式改造所带来的巨大破坏问题的严重性和“冷宫式”保护的不可行性，开始对历史街区的“保护+复兴”进行多种保护模式的探索，大致分为以下四种模式：

5.2.2.1 整体性地产开发的保护更新模式

整体性地产开发模式即投资商将历史街区进行一次性整体房地产开发改建的保护更新模式。其中，最具代表性的是“新天地模式”。

上海太平桥历史街区改建的“新天地”项目于1999年初开工建设，2000年6月全部建成。它采用了“存表去里”的方式，即对保留建筑进行必要的维护、修缮，保留建筑外观和外部环境，对内部进行全面更新，以适应新的使用功能。由于上海“新天地”项目对有着良好区位优势的历史性居住建筑再利用为以第三产业为向导的办公、餐饮、娱乐、商店等的实践有一定的借鉴意义，再加之新天地重塑了地区的历史环境，提升了地区的形象，使得周边地区的开发价值显著提升，“新天地”开发模式一时成了历史街区保护更新的样板。于是，全国其他城市竞相效仿，北京后海、广州沙面、成都宽窄巷、杭州西湖天地、宁波老外滩、南京1912、武汉新天地等，都在打造本城的“新天地”，试图在保护更新旧城的同时实现土地增值。受其影响，其他城市也开始引进外来资本，对历史街区进行整体性地产开发，如昆明文明街、浙江乌镇、青岛中山路等。

5.2.2.2 “旅游化”的保护更新模式

20世纪80年代初，国内一些知名的古镇及历史街区的旅游业开始萌芽。这样的保护更新倾向至20世纪末、21世纪初达到了高峰，出现了“周庄模式”“丽江模式”等；基本上以旅游开发来平衡经济支出，带动街区商业发展的模式为主，可统称为“旅游化”的保护更新模式。迄今为止，国内众多古城镇及历史街区仍大多采用这样的保护更新模式。例如黄山屯溪老街、上海周庄、江苏同里、山西平遥古城、湘西凤凰古城、四川阆中古城、贵州镇江古城、云南丽江古城、云南腾冲老街、云南中甸独克宗古城、江西婺源、浙江西塘、云南丽江束河古镇、拉萨八廓街等。

5.2.2.3 “商业化”开发的保护更新模式

进行“商业化”开发的历史街区大多位于城市中心地段，由于“寸土寸金、收益丰厚”而被政府及开发商进行“商业化”的综合整治及保护更新，即在保护和修缮历史建筑的外表面的同时，对街区进行功能产业的重新定位和调整，大多是引进和加强街区的商业服务功能。这种保护更新模式与“旅游化”开发的区别在于，商业化开发除了服务外地游客外，同时也为本市居民提供时尚消费（旅游化开发的历史街区则主要为外地游客服务）；此外，它与整体性地产开发的区别在于，不一定是一次性整体开发，经常为分步骤逐渐改造，其中政府在开发过程中的引导占据了重要地位，如哈尔滨中央大街、重庆磁器口古街、杭州清河坊等。

5.2.2.4 小规模、渐进式更新的保护更新模式

清华大学吴良镛教授首创“有机更新”的理论，于1989年对北京菊儿胡同改造更新，改造特点是以建筑质量为依据，分出保留和更新的院落，并非一切推倒重来，而是针对具体情况，采取不同措施。菊儿胡同的改造受到各方关注，受到专家学者、政府官员和居民的普遍好评，迄今已经荣获国内建筑界的六项大奖，还获得了亚洲建协的优质建筑金奖和联合国人居奖。小规模、渐进式更新的保护更新模式由此开始为业界所推崇。这种模式提倡采取适当规模、合适尺度、分片分阶段和滚动开发的保护、整治

和改造相结合的策略。迄今为止，已有一部分历史街区采用了这一保护更新模式，如北京原宣武区旧城、北京国子监街、北京南锣鼓巷、深圳华侨新村等。

5.3 国内历史城镇保护与更新存在的问题

自20世纪80年代起至今，我国历史城镇保护与更新历程已超过30年。在这一历程中，无论是何种保护模式下的历史城镇，或多或少都出现了保护与更新错位的问题。这些历史城镇保护与更新问题，可大致归纳为以下两种情况：

5.3.1 历史城镇内的物质遗存难以为继

直至今日，粗放拆迁、假古董式的保护更新方式仍然在一部分历史城镇/街区中上演。特别是对于正处在高速发展、城市化进程日益加快的中国，许多拥有历史街区的历史文化名城大都进行了大规模的旧城改造、城市基础设施建设和房地产开发，使得保护与建设发展出现极大的错位衔接，历史街区的传统物质空间已经难以持续。显然，粗放式的保护与更新方式是不成熟的，不仅成为历史街区保护的灾难，也加剧了历史街区的衰败。

5.3.1.1 建设性的破坏比比皆是

几十年来，我们国家城市建设的巨大成就举世瞩目，但历史环境与城市文脉遭到破坏的程度较以往更严重和彻底。前文中曾提到，全国109座历史文化名城中有相当多的城市都不同程度地受到了“建设性破坏”。我国建筑界也有类似说法，即中国改革开放40年来以建设的名义对旧城的破坏，超过了以往100年。此外，在成片的危旧房改造中，一些具有历史价值的遗产被以“成片”改造的名义简单粗暴地拆除。如天津老城厢旧有民宅的完全拆除，沈阳市旧城区的拆迁改建等；许多地方开发商在旧城改造的名义下，对历史文化街区大肆拆毁，致使国家珍贵历史文化遗产遭到不可弥补的损失。

以北京为例，近年来北京虽然在旧城保护方面做了大量工作，特别是在规划和立法方面，但遗憾的是由于历史原因和城市发展速度太快，加之法制建设严重滞后，保护力度不够，破坏速度远远快于保护速度，近十几年古城保护状况不断恶化。城市发展高潮时更大规模的旧城改造使相当一批有价值的历史街区被破坏，北京旧城的传统风貌也因此遭受了不可挽回的损失。比如内城的金融街、东方广场、东城南小街以东地区、隆福寺地区，外城的花市地区、牛街地区，甚至皇城内的北河沿地区也因房地产开发而使原有历史风貌无存（图5-1）。

图5-1　北京隆福寺片区今昔对比照片

图片来源：图①②④https://www.baike.com/wikiid/5786274416127307266?from=wiki_content&prd=innerlink&view_id=1bstic6n84f400）33；图③https://www.sohu.com/a/441198082_99911659

5.3.1.2 “假古董”街区频频出现

有的历史文化名城在旧城更新和房地产开发中，不切实际地搞所谓大手笔、大气魄，进行大拆大建，过度开发，并为迎合某些市场的口味及旅游开发需要，将原来留存的历史遗迹或周边的历史建筑拆除，大部分在没有任何文字、图片等依据的前提下，凭空臆造建筑的历史原状，对历史进行盲目的复原，结果成为名副其实的“假古董”。自20世纪80年代初北京琉璃厂片区开始采用“拆真古董，建假古董”的仿古做法至今，全国陆续出现了承德的清代一条街，沛县的“汉街”等，使许多有价值的历史城镇沦为“假古董”；并且同类型的“假古董”式仿古商业街在国内不同地方均有出现。以“宋街”为例，除了开封的“宋街”，还有重庆钓鱼城“宋街”、武夷山“宋街”、杭州“宋街”、成都德庆“宋街”等（图5-2）。武当山“复真观”被改建成宾馆；黄山汤口历史街区被拆毁，搞黄山旅游服务基地等，也是这方面的典型案例。总之，在破坏原有历史遗迹的基础上建造出来的“假古董”，可以算得上“时任”领导的政绩，而给后代留下的却是难以延续的断代史。

河南开封“宋街”

成都德庆“宋街”

福建武夷山“宋街”

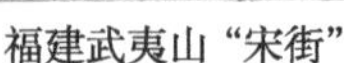
福建武夷山“宋街”

杭州“宋街”

重庆钓鱼城“宋街”

图5-2 “假古董”街区

（图片来源：图①http://xw.qq.com/house/20170810006926/HOS2017081000692602；图②http://www.meipian.cn/1c1ivjsg；图③http://blog.sina.com.cn/s/blog_0e86e0140100h1pd.html；图④http://blog.sina.com.cn/s/blog_0e86e0140100h1pd.html；图⑤https://baijiahao.baidu.com/s?id=1668135421901325528&wfr=spider&for=pc；图⑥http://www.chinanews.com/tp/2012/12-31/4451183.shtml）

“此前（的文物）都拆完了，拆完后又开始做假的了。”据不完全统计显示，2012年国内有不少于30座城市正在或策划投身“古城重建”热潮，重建项目从数亿元到上百亿元不等。2013年3月，山东省聊城市、河北省邯郸市、湖北省随州市、安徽省寿县、河南省浚县、湖南省岳阳市、广西壮族自治区柳州市、云南省大理市等8个历史文化名城，均收到了住房和城乡建设部与国家文物局联合发出的“警告信”，这被媒体认为是对同类历史文化名城第一次发出了“黄牌警告”，其主要原因之一即近年频频上演的“拆旧仿古”现象。据北京大学城市与环境学院吴必虎教授统计，我国目前有30多个城市正在或谋划进行古城重建。包括基础设施建设投入在内，至少有14个城市的古城项目投资过亿元：其中武汉首义古城投资125亿元、聊城40亿元。住房和城乡建设部历史文化名城专家委员会委员、中国城市规划设计研究院教授级高级工程师赵中枢说，当前复古现象在较发达的东部沿海、偏远的西部地区比较少，在中部则扎堆出现，仅河南即有5处古城项目。这些城市的共同特点是想大发展，财力有限。当然，不排除相当一部分“仿古”街区是为了维护已损坏的文物建筑或为营造文化氛围而建设的复古建筑，只要经得起研究和考证，并尊重原有的格局和用料，这种做法也是可行的，而且对工艺制作的传承也有好处。但纵观国内大部分的仿古街区只是打着“仿古”的名义，实际上建筑本身既缺乏考据，也没有技艺的传承，背后却有着巨大商业利益的驱动，这种“拆旧仿古”实在让人痛心。

5.3.1.3 城镇“冷化衰竭”的现象十分严重

历史城镇的“冷化衰竭”现象，即随着城市经济的快速发展，许多地方对历史城镇或者具有历史价值的老城区保留而不利用，不闻不问；老城区不仅缺乏具体而有力的政策扶持和资金注入，甚至得不到与新城同步的公共服务设施配置和更新。这样对城中的历史地段保留而不维护、不闻不问同样会造成严重的不良后果：老城中的居住条件与公共服务设施配比倘若长时间远远落后于新城，老城中的老宅倘若长时间得不到应有的修缮与日常维护，只能在促使老城居民逐渐“逃离”的同时加剧其房屋的老化与破损，其结果必然是老城的“物质性老朽”与“社会性死亡”的“冷化衰竭现象”。

诚然，对于历史城镇及距离有历史价值的老城区而言，保护其文化遗产的原真性是我们的首要目的。然而，倘若只考虑保留“旧貌”而有意忽略应有的“维护”与“更新”，这样造成的“冷化衰竭”现象显然也是对历史城镇“原真性”的另一种无形伤害。

5.3.2 历史城镇保护与更新的过度消费问题

5.3.2.1 整体性地产开发下的历史城镇“过度消费”问题

前文中曾提到，大量的历史城镇整体性地产开发模式以“新天地模式”为代表，以商业化更新为主旨将历史城镇/街区进行“存表去里”的保护更替，这样的商业性开发则不可避免地会带来对历史城镇的“过度消费”。

上海太平桥历史街区改建的“新天地”项目无疑是这一模式的典型代表，“上海新天地”别具特色的建筑风格获得了广泛的赞赏，获得了“2001年中国年度新锐榜建筑奖”、美国建筑师学会香港分会颁发的“AIA Hong Kong Citation 2002”以及美国“Urban Land Institute”颁发的“2003 Award for Excellence”；同时也成为当时年轻人趋之若鹜的时尚文化休闲消费中心，带来了席卷全国的“新天地”改造热潮，全中国从南到北许多城市都采用了这一模式对自己的老城区进行整体性商业开发。

但是，由于地方政府对历史城镇的消费化问题缺乏足够的认识和监管，在开发商的整体性开发逐利行为下，“新天地模式”在更新伊始就已表现出“过度消费”的问题。以上海“新天地”为例，“新天地”原有的2380户居民在开发伊始即被全部迁出，消费空间完全取代了原有的居住生活空间，把整片居住区完全变成了商业、文化、娱乐、购物的场所。此外，“新天地”的招租对象均是来自世界各地的知名品牌，在现有的98户租户中，有85%来自中国大陆以外的国家和地区。上海“新天地”到处都是美国、英国、意大利、日本、法国、德国、巴西等国家和地区的餐馆、酒吧、时尚店，原本寄望强化本土文化特性的历史地段最终成为“其他文化入侵的跳板”。迄今为止，凡是进行整体性地产开发的保护更新的历史街区（如北京后海、广州沙面、成都宽窄巷、杭州西湖天地、宁波老外滩、南京1912、武汉新天地、昆明文明街、浙江乌镇等），都未能避免历史城镇“过度消费”的命运（图5-3）。

上海新天地

杭州西湖天地

北京后海

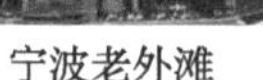
宁波老外滩

武汉新天地（自摄）

南京1912（自摄）

图5-3 历史城镇“过度消费”

图片来源：图①http://mt.sohu.com/20150817/n419028748.shtml；图②http://house.zxip.com/home/NewsView/20836；图③http://dp.pconline.com.cn/photo/2257775_6.html；图④http://v.tieba.com/p/3614198312?pn=2）；图⑤、图⑥作者自摄

以乌镇为例，从2003年开始，乌镇古镇保护一期东栅工程后，开始更深层次地对西栅进行二期规划，投入10亿元巨资对乌镇西栅实施“保护开发”，保护工程实施范围近3平方千米。但是，二期西栅街区的开发首创了“无人烟的古镇开发”模式。乌镇西大街（西栅）是规划制造出来的与外界几乎完全隔绝的“世外桃源”，旅游公司负责人声称：“二期工程就是为了高端旅游者居住的，而且主要是境外旅游者和中产旅游者。”

5.3.2.2 “利用性流失”问题

相当一部分历史城镇已陷入“逐步侵入”的“过度消费”困局，历史城镇中大量物质遗存文化属性出现了“利用性”流失。

在城市消费主义的大潮下，由于昂贵的改建成本、经济效益优先的

思维以及缺乏有效的业态引导机制和监管机制，国内许多知名历史城镇不论采用何种保护与更新模式，在逐年更新的过程中大多未能避免街区内传统居住生活空间被大量消费空间挤压，城镇逐步被“过度消费”的困局。这主要表现在以下方面：街区消费空间大量挤压原有的生活居住空间，商业化气息过于浓重，传统社区的气息大大降低；城镇消费空间的构成缺乏监控与管理，原有的地方文化为外来文化所侵入，原有的地域文脉受到侵蚀；城镇消费空间的定位缺乏与城市整体商业格局的有效呼应，城镇原有的历史文化特色被逐渐掩盖。

此外，许多历史城镇的更新避开街巷深处的居住地段，只对沿街商业部分进行整修和改造，或将原有的大量传统居住生活空间“更新”为商业娱乐性的消费场所，如哈尔滨中央大街、重庆磁器口古街、杭州清河坊、青岛中山路、苏州山塘街等。

在历史城镇的要素构成中，物质遗存作为城镇历史价值与文化价值的主要载体，其保护与再利用的成功与否无疑是街区保护与更新的关键。在近年来的历史城镇保护与更新中，虽然大多数城镇都对物质遗存的“物质外壳”保护十分重视，但在对遗存进行再利用过程中，往往忽视了使用功能与历史形态的一致性，使物质遗存的“文化属性”逐渐消失，从而引发城镇的整体历史文化气息的“空心化”。这样忽视物质遗存原有文化属性，“买椟还珠”的行为主要表现在：将物质遗存进行非本土化的强行文化嫁接；物质遗存仅存留建筑外壳，其再利用后完全丧失了原有的历史文化气息；“生活建筑商业化”成为大多数历史城镇物质遗存保护更新的唯一选择。

5.3.2.3 历史城镇内原住民的非正常迁离问题

近年来，历史城镇中原住民自发的非正常迁离现象日趋严重。历史城镇原住民大量的、愈演愈烈的自发非正常迁离现象已使得许多城镇面临“空心化”：除整体地产开发造成的大规模一次性迁离外，更多的非正常迁离是由原住民自发形成的迁离；并且除举家迁离外，街区内中青年人迁离、老年人留守已成为大多数历史城镇的常态现象。这样的非正常迁离，主要源于历史城镇内非安全的社区生活空间使原住民产生搬迁欲望，主要体现在：历史城镇相对社区资源数量、质量的不足；老城生活空间质量——适居性与舒适性不足；老城发展定位与生活空间相冲突；偏低的原住民经济收入与老城区位经济效益之间的冲突；老城服务性空间萎缩造成街区生活吸引力不足。

此外，历史城镇的文化底蕴与区位优势，加上近年来精英阶层对传统文化的推崇，使得更新后历史城镇老街的地价和租金飞速上涨。这样的情况出现在上海、杭州、广州等许多历史城镇更新过程中。

无论是上海“新天地”，还是苏州“铜芳巷”乃至乌镇，其保护与更新都是大规模、一次性的迁出居民，然后对历史城镇的物质空间进行“修旧如旧”的保护和修缮。诚然，这样的方式保护了历史街区表面风貌的完整，但是这种方式割断了街区历史，也违背了当前保护历史城镇“历史真实性”的原则。历史城镇的存在价值是以其完整的文化形态出现的，这一文化形态不仅包括古建筑物、古朴的环境以及众多文物遗存这些物质“外壳”，还包括内在“灵魂”——世代生活在这些老房子里的居民的传统生活方式、生产方式、文化方式。要保证历史城镇的延续性和历时性，这样的保护更新方式显然并不成功。

5.4 当前历史城镇保护与更新的成就与未来

5.4.1 斩获大奖的“小规模、渐进式”有机更新

20世纪70年代，清华大学吴良镛教授首创“有机更新”的理论，于1989年对北京菊儿胡同改造更新。菊儿胡同位于北京旧城中心偏北，西临南锣鼓巷，与中轴线上的地安门大街一街之隔。菊儿胡同作为老北京胡同的典型代表之一，充分体现了北京的地域传统建筑历史文脉。但由于长期的建造及居住的杂乱无章，北京菊儿胡同传统四合院出现了一系列社会

及使用方面的问题。基于菊儿胡同处于北京旧城区中，为了更有效地保护老北京的旧城格局，对菊儿胡同的更新与改造采用了“有机更新”的“肌理插入法”，即并非一切推倒重来，而是针对具体情况，采取不同措施，以建筑质量为依据，分出保留和更新的院落。吴良镛教授在其《北京旧城与菊儿胡同》中总结道：“‘有机更新’即采用适当规模、合适尺度，依据改造的内容与要求，妥善处理目前与将来的关系——不断提高规划设计质量，使每一片的发展达到相对的完整性，这样集无数相对完整性之和，即能促进北京旧城的整体环境得到改善，达到有机更新的目的。”书中还对“更新”进行了定义：一是改造、改建或再开发，指比较完整地提出现有环境中的某些方面，目的是为了开拓空间，增加新的内容，提高环境质量；二是整治，指对现有环境进行合理的调节利用，一般指作局部的调整或者小的改动；三是保护，指保护现有的格局和形式并且加以维护，一般不许进行改动。

吴良镛教授的“有机更新”理论不但传承了北京的胡同文化，延续了北方优秀地域传统民居的文脉精神，同时改造一些不再满足现代人精神需求的旧的历史文脉及场所空间，并对场所文脉进行“输液”，对具体的地域性建筑空间形态进行更新处理，改善了古城的整体环境；并且这种更新还创造了“类四合院”模式，顺应了城市内在的发展规律与居民生活需求，使得菊儿胡同成为“老北京”地域历史文脉传承的重要基石与模板。

菊儿胡同的改造受到了各方关注，并获得专家学者、政府官员和居民的普遍好评，至今已经荣获国内建筑界的六项大奖，还获得了亚洲建协的优质建筑金奖（1992年）和联合国人居奖（1994年）。这在一定程度上也说明北京的老城胡同及传统合院建筑从一开始改造、拆除的不成熟阶段，慢慢进入到维修、保护的有益进程，我们的历史城镇整体认识也在逐步提高。

基于有机更新理论，方可在《当代北京旧城更新——调查·研究·探索》一书中进一步对小规模改造做出基本定义：“这里所说的小规模改造，是相对于成片推倒重建为基本特征，由房地产开发商主导，统一设计、统一建设的大规模改造方式（例如北京市的“危改”）而言的。它包括一系列主要使用者（或单位）为主体，解决使用者（或单位）实际问题为目的，与旧城居住区更新密切相关的、小规模的社会经济和建设活动，如小规模的住房改建（Rebuild）、翻建（Renovation）、加建（Infilled）、养护（Maintenance）和修缮（Restoration），以及资金投入较少的由政府和居民合作的社区环境整治和改善（Neighborhood Environmental Enhancement）等，除涉及居民住房条件的更新、改善外，也涉及传统居住区的就业、生活与工作环境的改善和提高。”相比大规模激进模式，小规模渐进式改造模式有以下优点：“小而灵活”，该模式在资金筹措、建筑施工等方面都具有极大的灵活性，而且成本低，环境和社会经济效益显著；有利于公众参与，而且这种参与可以渗透到建筑环境营造和使用的全过程；有利于资金流向与建筑环境质量的控制；能经济适用地满足居民的现实住房要求，缓解社会矛盾；有利于保护历史文化环境。

显然，小规模、渐进式的有机更新模式由于其提倡采取适度规模、合理尺度的分阶段动态更新的保护、整治和改造三合一的策略，是迄今为止针对历史城区保护与更新较为合理和可行性较强的模式之一。只是近年来对菊儿胡同的跟踪调查表明，这一模式对于老城区更新后续的原住民社区延续方面，还存在一定的局限性。

5.4.2 逐步推广的社区化的“微更新”

社区（Community）指具有某种互动关系和共同文化维系力的人类群体及其活动领域，是人群聚集的所在，指地区性的居住环境，以及附于其上的生活、历史、产业、文化与环境等多向度的意义，并且隐含着“故乡”的情感意识。“社区”这一概念源于社会学，本身就包含多维度参与的含义，因为社区作为中间层面的沟通者，对上可以收集政府部门的上位规划政策与规章制度，理解政策，发动号召，对下可收集原住民的民意与需求，正向反馈给政府以及专业规划设计人士。因此，由传统社区为主体组织的多元参与的历史城镇的保护与更新，其效力往往更加持久。

从1998年开始，国内针对传统社区更新的研究开始逐年增加。2000年之后，历史城镇传统社区更新改造相关的问题和规划措施开始成为城市历史保护研究的重点。自2011年国家颁布《社区服务体系建设规划（2011–2015年）》之后，"传统社区"一词已经跃升为绝对优势。"社区"已逐步代替"住区"，反映了居住环境规划建设已经从仅仅关注物质环境要素转向对"居民"的关注，人的因素受到重视，并形成学界共识。2016年，随着国家全面开展"城市双修"活动，"社区微更新"进一步为业界所提倡。2018年，王承慧先生提出，"微更新"是针对小尺度空间的城市更新，通过零散用地再利用、闲置资产挖掘和在地文化培育等手段达到提升空间品质的目的。十九大报告明确指出，要把人民对"美好生活"的需求放在新时代社会主义建设的核心位置，提出要"加强社区治理体系建设"，打造"共建共享共治的社会治理格局"，包含社区公共空间在内的城市公共空间微更新从策划、设计到维护管理，是一个持续的渐进过程，其核心是公众参与。近年来，在存量发展为主导的背景下，在历史城镇的保护与更新过程中，社区化的"微更新"（即以公众参与为基础，在整体保护原场地基本文脉与风貌格局的情况下，通过对既有的微小社区空间环境进行针对性的修补与更新，从而达到既修复织补原有空间肌理，又激活社区文化及场地活力的目的）方式，已获得从政府到专业人士以及原住民的广泛认同。由此，当前在"小规模、渐进式"有机更新理论基础上继承和发展而来的社区化"微更新"已成为历史城镇保护与更新的主流趋势。

平江历史文化街区从历史文化特质出发，确立"寻水乡古城记忆，享精致苏式生活"的目标愿景，并从文化引领、活力持续的角度进一步明确街区的功能定位为：苏式生活体验区、古城人文游憩区以及时尚文艺创意区规划基于微更新的视角和策略，首先从历史发展的角度，对包括功能、文化、生态、生活服务、交通等在内的各类脉络进行梳理和缝合织补，形成城市设计的本底框架；在此脉络结构基础上，结合街区存在问题，开展触媒系统策划，并和脉络结构相互反馈；最后构建实施保障机制，推动街区自主更新，并为不同建设主体提供空间设计引导。希望通过整体控制、触媒引领上下联动的模式将街区文脉保护与生活品质提升、活力激发有机结合，最终实现循序渐进的“社区化微更新”。近年来，在北京老城的社区化微更新营建活动中，专业设计团队不仅根植于社区文化，得到当地居民的认可，鼓励居民自发改造和提升街巷公共环境，以多种途径积极参与老城公共空间的微更新，而且关注到每间更新改造房间的居民状况、活动规律、使用需求等要素，与居民多次沟通，逐渐形成改造共识，重新塑造了院内个人利益与公共利益之间的平衡；此外，还采取了低成本、低门槛、广参与、多合作、易应用、过程性的模式，由政府和公众协商产生的主动的社区发展规划，对社区公共空间进行持续长期的梳理，构筑适应社区具体条件的治理模式，分步骤可持续地进行社区微更新探索。这样的操作模式建立在与公众充分交流沟通的基础上，鼓励居民参与项目进程，增加公众对社区的认同感和归属感，既尊重老城的文脉特征与空间规律，又精准把脉了原住民个体需求的关键问题，由此取得较理想的保护与更新成果，既优化了老城的空间环境品质，又实现了原住民社区文化的有效传承。

5.4.3 小结

进入20世纪80年代以来，伴随着我国经济跨越式的发展以及快速城市化的进程，历史城镇的保护与更新逐渐成为全国范围内城市建设面临的普遍性课题。我国的历史城镇保护与更新在最初阶段（20世纪80年代至20世纪末）大多以粗放式保护为主，不是大规模的拆除与推倒重建（“推土机”与“假古董”），就是不闻不问的任其自生自灭（“冷化衰竭”），长久以来公众历史保护意识的相对不足也使我国历史城镇的保护相对缺乏广泛的社会基础，使得这一时期的整体历史城镇文化遗产蒙受巨大的损失。

20世纪末至今，许多城市已经意识到了对历史城镇进行粗放式改造所带来的巨大破坏及其严重性和不可行性，开始对历史街区的“保护+复兴”进行多样化保护的探索，或在街区保护中引入外来资本进行地产开发，或进行历史街区旅游化等。但实践表明，这些保护模式尽管都贴上了“对历史城镇真实性保护”的“标签”，却往往只注重物质空间“表皮性”的保护，而忽略对老城区内在文化属性与社区网络和生活的保护，由此造成所更新历史城镇的“空心化”现象，历史城镇文化遗产价值的“原生态传承”仍有一定的缺憾。

近10年来，随着国家相关历史保护与法规、政策的进一步完善，随着国家不断加强对城市历史文化的重视，随着我国居民的保护意识与文化素养的大幅提升，我国的历史城镇保护与更新开始步入一个全新的、可持续的“活态保护”阶段。2022年1月27日，习近平在山西省晋中市考察调研时指出，历史文化遗产承载着中华民族的基因和血脉，不仅属于我们这一代人，也属于子孙万代。要敬畏历史、敬畏文化、敬畏生态，全面保护好历史文化遗产，统筹好旅游发展、特色经营、古城保护，筑牢文物安全底线，守护好前人留给我们的宝贵财富。处理好城市改造开发和历史文化遗产保护利用的关系，切实做到在保护中发展，在发展中保护。从近年来的一些实践来看，“小规模、渐进式”的有机更新模式以及社区化“微更新”模式在全国范围内大部分实践案例中获得了良性反馈和正向保护效应。当然我们也要认识到，要完全实现我国历史城镇的“保护与更新”的可持续，还需要我们进一步自觉地进行理论和实践的探索，对各种保护问题给予深层剖析、追本溯源，厘清问题的内生机制，开拓更加合理、良性的保护与更新路径。

本章小结

本章首先分析了我国历史城镇的保护与更新历程，然后举例详细阐述了早期保护与更新的简单模式以及国内历史城镇保护与更新存在的问题，最后深入阐述了当前历史城镇的保护与更新成就与未来。

思考题

1. 请简要阐述历史城镇保护制度的建立和健全过程。
2. 请简要阐述国内历史城镇保护与更新存在的问题。
3. 请结合实际案例，论述当前历史城镇的保护与更新成就与未来。

参考文献

[1] 叶如棠.在历史街区保护（国际）研讨会上的讲话[J].建筑学报，1996（09）：4-5.

[2] 吴良镛.广义建筑学[M].清华大学出版社，1989.

[3] 清华大学建筑学院.城市规划资料集.第8分册，城市保护与城市更新[M].北京：中国建筑工业出版社，2008.

[4] 肖华.183个“国际大都市”现在还有多少[J].中国社会导刊，2008（13）：1.

[5] 周干峙.城市化与名城保护[J].城市开发，2003.

[6] 孙建琳.北京1965年：为备战而修建我国第一条城市地铁[J].老人世界，2011（6）：2.

[7] 宋力夫，杨冠雄，郭来喜.京津地区旅游环境的演变[J].环境科学学报，1985（03）：255-265.DOI：10.13671/j.hjkxxb.1985.03.002.

[8] 单霁翔.从“大规模危旧房改造”到“循序渐进，有机更新”——探讨历史城区保护的科学途径与有机秩序（下）[J].文物，2006（7）：15.

[9] 北京市规划委员会.北京旧城25片历史文化保护区保护规划[M].北京：北京燕山出版社，2002.

[10] 新华.建筑家认为：“不规划”是对北京旧城的最好改造[J].城市规划通讯，2005（9）：2.

[11] 吴博，魏媛媛.六朝古都（南京）与北京现代化城市设计发展中的审美价值取向研究[J].城市建设理论研究（电子版），2012，000（030）：1-6.

[12] 杨昌鸣，辛同升.历史街区保护与整治过程中的环节缺失——以济南芙

蓉街-曲水亭街为例[J].城市建筑，2006(12)：25-27.DOI：10.19892/j.cnki.csjz.2006.12.007.

[13] 赵亮，王华琳，丁冠文，张宇."临水望山"地段的视觉空间界面量化评价研究——以济南佛山倒影为例[J].中国园林，2021，37(03)：50-55.DOI：10.19775/j.cla.2021.03.0050.

[14] 邬文英.福州三坊七巷遭遇中的政府行为分析[J].改革与开放，2010(11X)：2.

[15] 刘素芬.泰安古城山水境域营造智慧研究[D].西安建筑科技大学，2013.

[16] 陈友贵.杭州历史文化名城现代化城市的建设和发展探讨[J].杭州研究，2003(1)：5.

[17] 曹建业.山西古城的保护与再利用研究——以榆次老城为例[D].沈阳建筑大学.

[18] 周通.旧城改造中文化遗产保护初探——以保定市为例[D].天津大学，2006.

[19] 刘晔.历史文化名城保护中的城市更新研究[J].山西建筑，2006，32(10)：2.

[20] 周遵奎.成都市文殊院历史文化街区更新后的调查与反思[D].西南交通大学，2008.

[21] 徐可颖，李剑.历史商业地区的适应性改造及其文化延续——对常州篦箕巷地区城市改造及景观设计的思考[J].中国园林，2007(12)：52-57.

[22] 刘红波.盘点2008年中国十大文化事件[J].中学语文：读写新空间(中旬)，2009(1)：3.

[23] 探访北京大栅栏：城区改造背后的灰色角落http：//news.sohu.com/20050711/n226257132.shtml.

[24] 赵志尧.北京旧城危房改造评析[D].北京建筑工程学院，2006.

[25] 徐莹.城市治理理论视域下苏州古城保护和发展的对策研究[D].苏州大学，2016.

[26] 刘敏.青岛旧城保护更新中的矛盾与问题[J].青岛理工大学学报，2007，28(6)：6.

[27] 毛万磊，吕志奎.厦门综改区"社区网格化"管理的优化——以鼓浪屿社区为例[J].东南学术，2013(4)：7.

[28] 熊正益. 云南建水指林寺正殿[J]. 文物，1986(7)：3.
[29] 陈榕生. 厦门市出台《鼓浪屿历史风貌建筑保护条例》[J]. 城市规划通讯，2000(4)：1.
[30] 冯骥才. “真的拆光了之后，就要造假的了”[J]. 环球人文地理，2016(10)：1.
[31] 刘佳玥. 历史文化街区的有机更新案例分析——以上海新天地为例[J]. 建筑与装饰，2021.
[32] 赵翔，刘卫国，蒋彬，等. 江南水乡古镇的景观保护与提质改造探究——以乌镇东栅为例[J]. 现代园艺，2017(20)：2.
[33] 吴良镛. 北京旧城与菊儿胡同[M]. 北京：中国建筑工业出版社，1994.
[34] 吴良镛. “菊儿胡同”试验后的新探索——为《当代北京旧城更新：调查·研究·探索》一书所作序[J].华中建筑，2000(03)：104.DOI：10.13942/j.cnki.hzjz.2000.03.031.
[35] 史启林. 渐进式改革与激进式改革比较与分析[J]. 辽宁大学学报：哲学社会科学版，1997(2)：3.
[36] 黄瑞茂. 社区营造在台湾[J]. 建筑学报，2013(4)：5.
[37] 中国人权在行动. 国务院办公厅印发《社区服务体系建设规划(2011-2015年)》[J]. 城市规划通讯，2012(1)：1.
[38] 刘雪菲. 基于“城市触媒理论”的城市历史街区保护与更新模式探析[D]. 山东建筑大学，2011.
[39] 侯晓蕾. 北京老城区微花园绿色微更新研究实践[J]. 北京规划建设，2019(S2).

第三部分 —

云南历史城镇的保护与更新

第六章
历史城镇的调查研究

本章内容重点：历史城镇调查研究的目标意义、主要方法、对象内容，通过调查研究为保护开发、更新改造、策划规划、政策研究、运作模式等提供相应建议。

本章教学要求：理解历史城镇调查研究的目标和意义，掌握历史城镇保护与更新调查研究的方法和内容，在此基础上尝试拓展调查研究的新思路、新方法。

6.1 历史城镇的调查研究方法

6.1.1 调查研究的意义

对历史城镇空间发展变化进行跟踪调查与研究，可以及时发现、分析研判历史城镇发展过程中面临的新问题，促进对历史城镇空间使用与更新的正确认知和引导。同时，对各类调研中发现问题的解决也有利于在旅游开发、城市发展、社区参与等现实背景下，改善历史城镇的保护利用及更新模式，对于文化遗产保护具有重要的现实意义。

6.1.2 调查研究的原则

6.1.2.1 实证性原则

历史城镇保护与更新应坚持实证性的调查研究原则，采取实地调研、

面谈、深度访谈、问卷调查等方法对其现状进行调查，并借此揭示问题背后层层叠叠的深层矛盾（例如保护与发展的矛盾、老化与更新的矛盾、经济矛盾、社会矛盾等），对其矛盾进行机理分析，从而探索解决矛盾的途径，并以此为参照和基准，展开历史城镇保护与更新的状态研究。

6.1.2.2 多学科原则

历史城镇保护与更新问题涉及多元主体，纠缠了多种动机和行为，因此，对其调查研究应采用多学科原则，除城市规划学、建筑学、文化学、历史学、考古学外，还应引入公共选择方法论、行为经济学理论、利益主体理论及激励理论等，并借鉴经济学、社会学、心理学、系统学、法学和行政管理学等学科理论开展调查研究工作。

6.1.2.3 纵横向原则

历史城镇保护与更新的调查研究应从纵向和横向的角度进行“纵横向”的对比分析研究，纵向上对历史城镇在发展演变过程中的变迁进行对比分析，梳理历史城镇的历史演变规律；横向上应对国内外的历史城镇保护与更新状况作调查及比较分析研究，获得可资借鉴的经验。

6.1.3 调查研究的主要方法

6.1.3.1 文献调查法

在对历史城镇的保护与更新进行实地调查前，应通过图书阅读、档案查找和网络获取等方法，对历史城镇相关的文献进行收集和梳理，并对符合要求的相关文献进行详细解读、深度剖析，为历史城镇的实地调查提供有力的参考和重点工作方向的依据。

6.1.3.2 实地勘测法

实地勘测法即对历史城镇进行实地摄影、测绘、问卷调查，与当地居民和相关部门进行访谈等，力图客观真实地获得关于这些城镇的总体格局、空间形态、场所及建筑的资料。

6.1.3.3 数据辅助法

历史城镇的调查往往是一项繁琐艰难的基础性工作，因此有效利用空间信息技术、遥感分析技术以及其他数据分析技术工具进行调研的数据辅助已成为当前历史城镇调查研究不可或缺的主要方法之一。数据工具不但有助于在宏观上认识与把握历史城镇历史文化遗产资源的空间分布及其相互关系，而且对于局部或单项历史文化遗产资源的详细调查与定量识别有很强的优势。

数据工具还有助于对历史城镇历史文化遗产资源的空间信息与属性信息进行分类组织与管理，辅助查询、检索、分析、预测甚至可视化表达，在不远的将来还会在历史城镇调查研究的工作中发挥更显著的作用。

6.1.4 调查研究的对象和内容

调查研究的对象为历史文化城镇、传统城镇和传统街区，历史文化名城（镇村街）的调查对认识社会、经济和文化的可持续发展具有重要的意义，通过调查挖掘丰富多彩的遗产价值。

调查研究主要包含物质文化遗产及非物质文化遗产内容，具体包括背景目标、研究范围、历史演变、主要问题，并依据调查研究，谋划实施的产业、文化、基础设施等更新改造实施、规划管理及运作模式。

6.2 调查研究案例1：昆明呈贡老城

6.2.1 调研意义

昆明市是全国首批历史文化名城之一，呈贡老城作为昆明为数不多的还保留着“老昆明”原汁原味“市井文化”地，作为昆明历史文化名城体系中重要的文化遗产聚集区，传统风貌街巷格局较为完整，无论是其保存尚属完好的文保单位、历史建筑及传统民居院落，还是老城中占比较高的原住民居住率，以及在大城市中难得一见的“熟人社区”，都具有很高的调研价值和重要的调研意义。本课题为昆明市呈贡区人大常委会旧城更新改造课题研究组为保护呈贡老城、推进城市更新改造于2021年完成的阶段性成果（数据截止到2020年）。

课题组在当前国家和省市有关城市更新的政策指导下，聚焦老城核心地区，与部门多次沟通，并多次现场踏勘，对既有民居、建筑进行调研分类，研究传统民居保护修缮的问题及方法，并尝试推动更新工作有序行动起来。

6.2.2 调研结果

6.2.2.1 传统民居与街景自然老化现象突出

课题组经过对现状建筑的质量、风貌、高度、密度的全面调研，总结发现：旧城内能凸显传统风貌格局的建筑与街道由于年久失修，正在空置化、边缘化，部分传统民居建筑因居住功能难以满足现代生活需求而被闲置。闲置大大加速了建筑的老化与自然坍塌，老城内危房逐年增多。

新中国成立后，城市建设在老城基础上得到发展，经历改革开放后的快速建设，形成了较为混杂的风貌，历史环境和传统风貌有待恢复；老城内市政基础设施缺乏，道路系统不健全，消防安全等隐患较大；老房子产权关系复杂，整改涉及的主体较多。

老城周边地区已迅速发展，就近异地拆迁安置的成本在不断增加。老城原址由于三台山地形格局的限制，就地安置对山体破坏大，更新的居民较为分散，拆迁安置工作洽谈条件多、谈判周期长（表6-1）。

呈贡旧城现状建筑质量表　　表6-1

建筑质量	好	中	差	合计
数量（栋）	734	1964	584	3282
占比（%）	22.4	59.8	17.8	100

资料来源：课题组自绘

6.2.2.2 历史文化遗产的保护体系不明晰

呈贡老城的历史文保建筑本身均得到了较好的修缮，但建筑周边老旧居住建筑拥挤，未对有效保护和利用文保建筑留出空间。旧城城内社区、古城社区的自建房屋以砖混结构为主，权属复杂，危旧房屋较多，与传统建筑风貌不协调，特色街区比例逐渐缩小，住宅用地集中在三台山东面和南面，是三台山视线通廊的“前景”，面貌平庸化地区快速扩大。

据呈贡县全国文物普查资料及呈贡县志显示，呈贡旧城保留下来或已损毁的文物古迹情况如表所示（表6-2、表6-3）。

呈贡旧城文保单位及历史建筑　　表6-2

序号	建筑名称	保护等级	备注
1	文庙	省级文物保护单位	城内社区
2	冰心默庐	省级文物保护单位	城内社区
3	魁星阁	省级文物保护单位	古城社区
4	昌氏宅院	区级文物保护单位	城内社区
5	张氏宅院	区级文物保护单位	城内社区
6	砺锋书院	区级文物保护单位	城内社区
7	费孝通故居	区级文物保护单位	古城社区
8	三台山凉风亭火葬墓群	登记文物保护项目	城内社区
9	回民殉难义塚碑	登记文物保护项目	城内社区
10	双忠祠	历史建筑	梅子社区
11	清真古寺	历史建筑	城内社区
12	三台山禅寺	历史建筑	三台山公园
13	东骧阁（望海楼）	历史建筑	三台山公园

资料来源：呈贡区文管所

呈贡旧城已损毁历史建筑　　表6-3

序号	建筑名称	原所在位置	备注
1	东城门	东门街口	古称“就日门”
2	西城门	西门街与兴呈路交叉处	古称“观海门”
3	南城门	南门街口与兴呈路交叉处	古称“文明门”

续表

序号	建筑名称	原所在位置	备注
4	北城门	北门街口，原医药公司门口	古称“朝京门”
5	县衙门	在原县公安局驻地	民国毁
6	城隍庙	紧接县衙门东侧，原城内小学校址	
7	药王庙	紧接文庙外东侧，在今房管所	
8	印心亭	龙市桥西侧，今东大河红绿灯地	呈贡八景“河洲鱼渚”，老城外
9	万寿寺	古城集市街与兴呈路交叉口处，文化馆西南	俗称大佛寺，老城外
10	福禄宫	今贸易公司所在地	民间亦称财神寺
11	玉皇阁	今三台山望海楼所在地	为三台山的最高台
12	凤翥宫	玉皇阁西南	中台形如覆凤，台上四围松树终年翠绿，海风阵阵，松涛声声，文人故名之“凤岭松峦”。属“呈贡八景”之一
13	龙神祠	在西门口，兴呈路下边	俗称“西门龙井”
14	文笔塔	今十四冶九建一公司水塔地	
15	三台书院	原城内大队旧地	由低向高共三台
16	三官殿	在玉皇阁西南，靠近凤翥宫	两侧厢房共三间，对应佛教三关，分别为破初关、透重关、透未后牢关
17	龙翔寺	原华侨中学，现龙街小学	老城外

资料来源：呈贡区文管所

6.2.2.3 旧城山水格局与建筑群体的关系亟待协调

呈贡老城“山—水—城”格局从区域内的拓磨山、赵家山，到张官山、三台山，洛龙河顺山系地势流向滇池。昆明大山水格局与呈贡旧城小山水格局并存，流域地形高差变化剧烈，入滇河湖密集，这些生态敏感要素对旧城提出了生态景观保护的要求。

目前并没有制订城市规划管理与开发的整体性政策条例，保护宣传和工作不到位，老城内单位大院多，交通体系可达性差，历史演进中形成了丰富的阶段性建设，但环境品质并不高。

从保持良好的山水格局出发，三台山周边的建筑高度应与三台山形成良好呼应，对18层以上的高层建筑需要慎重控制建设区域，才能保持看得见山、望得见水的城市格局（表6-4）。

呈贡旧城现状建筑高度表　　表6-4

建筑高度	低层（1-3层）	多层Ⅰ（4-5层）	多层Ⅱ（6-8层）	高层（9-18层）	合计
数量（栋）	2119	869	260	34	3282
占比（%）	64.6	26.5	7.9	1	100

资料来源：课题组自绘

6.2.2.4 土地区位值增值后，保护发展的空间矛盾凸显

呈贡旧城的区位优势凸显，旧城以北为自由贸易试验区（昆明片区），以西为环滇池生态发展带，以东为昆明呈贡新城及行政中心，以南为大渔大健康片区。

呈贡旧城地处昆明主城和呈贡新城的交界位置，当前轨道交通、高速公路、快速路系统日趋完善，土地价值倍增。城镇化、数字化、信息化的辐射带动效应在旧城凸显出来。

旧城处在三台山制高点远眺滇池的重要轴线上，周边斗南花卉特色小镇蓬勃发展，带动区域高速开发建设，拆迁回迁建设、靠近斗南社区的开发建设已逐步迫近三台山远眺滇池山水视野。因此，要控制高强度开发区域、协调保护与发展的矛盾，吸引商业资本，研究撬动旧城更新，制订相应的政策，避免拆迁安置、就地置换等高强度蔓延开发和空间失控（图6-1、图6-2）。

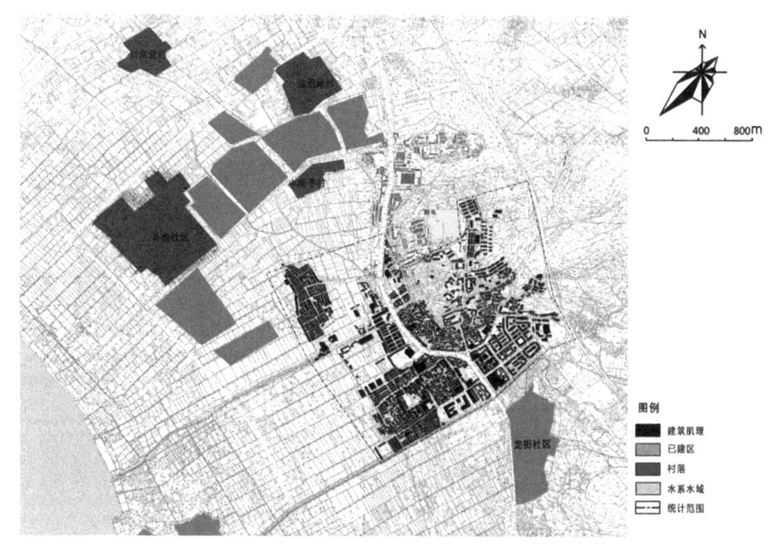

图6-1　建筑肌理分析

资料来源：课题组自绘

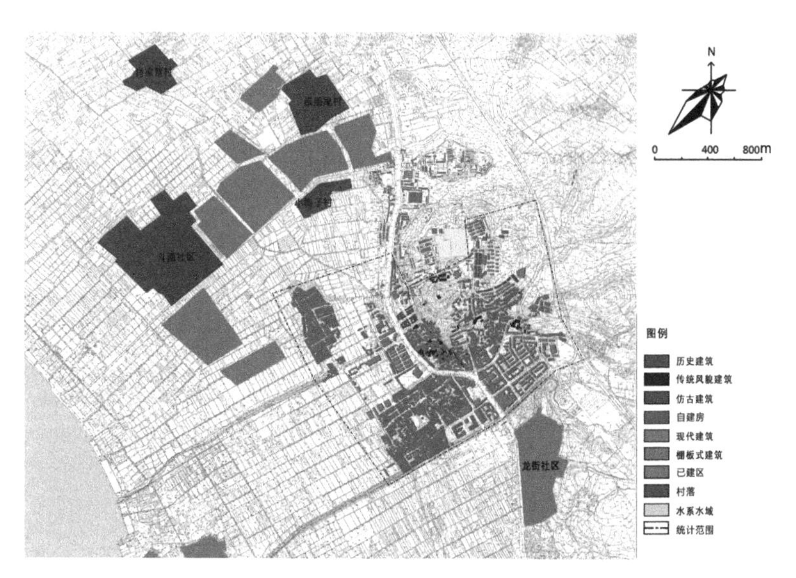

图6-2　建筑风貌分析

资料来源：课题组自绘

6.3 调查研究案例2：腾冲老城

6.3.1 调研意义

腾冲是云南省级历史文化名城，是知名的旅游城市，是我国面向南亚、东南亚的重要边境城市，是“云南通向东南亚、南亚国际大通道”的桥头堡，是云南西向南亚战略的重要交通节点。腾冲具有较好的生态历史价值和地方特色，老城保存相对完好，但也面临发展的压力。通过对腾冲的调研，探讨旅游城市及老城的特色及发展模式（图6-3）。本案例基础调研数据为清华大学建筑与城市研究所吴唯佳教授团队课题组于2011年完成的阶段性成果（数据截止到2010年）。

图6-3 腾冲老城所在位置

资料来源：课题组自绘

6.3.2 调研结果

腾冲县域内国家、省、市级重点文保单位共16个，县级文保单位22个；其中，县城具有国家级文保单位1个、省级4个、市级3个，县级6个。县城内存有大量未被列入文保单位的历史遗存，如历史街区、抗战遗迹等。

6.3.2.1 目标定位及路径研判分析

腾冲集自然生态、文化资源、抗战历史和东南亚门户旅游特色资源于一体；建设知名旅游城市，与阳朔、丽江等知名旅游城市相比较：在资源开发、接待、环境建设方面，接近知名旅游城市标准；但是在城市形象、城市文化方面，有较大差距。

通过案例比较、调查研究，以及目标分析、路径研判，形成了腾冲的资源、优势及发展目标，并进一步确定旧城更新提升的建设路径（表6-5、表6-6）。

腾冲旅游城市的目标定位　　表6-5

发展定位	具有多元特色的国际旅游城市			
资源支撑	自然生态	文化资源	抗战历史	东南亚门户
发展目标	休闲度假圣地	边境旅游名驿	抗战纪念城市	翡翠珠宝商都
目标细分	热海温泉康体养生 火山公园户外运动 北海湿地休闲游览 云峰山顶道教朝圣 高黎贡山生态圈层	马帮寨点重建修复 茶马古道部分修复 猴桥口岸跨境风情 旅游资源分类串连 旅游接待设施提升	抗站遗址串连 抗战路线修复 抗战历史展示	边境交易政策优惠 明确不同消费档次 引入缅甸印度特色 开放边境旅游贸易
行动计划	资源：宜居环境构建 形象：自然与人工环境融合 服务：完善提升配套 制度：政策鼓励	资源：景点网络构建 形象：资源特色多元 服务：完善提升配套 制度：规范管理	资源：修复展示纪念 形象：打造革命胜地 服务：完善提升配套 制度：政策支撑	资源：强化商品特色 形象：翡翠产业展示 服务：完善提升配套 制度：规范管理

资料来源：调研组自绘

腾冲旅游城市的建设路径　　表6-6

建设水平	建设类型	具体内容
建设水平较好	旅游经济建设	有特色，多元化
		占城市经济主导地位
建设水平达平均	旅游服务体系	建设国际交往中心，便利的服务基地设计 休闲度假基地 完善的商业服务设施
	旅游管理体系	完善的旅游信息系统
	自然资源保护	以火山、热海为代表的地质奇观，以高黎贡山、北海湿地为代表的自然生态资源
	人文资源保护	以南方古丝绸之路、侨乡、马帮为代表的极边文化，以云峰山、来凤山为代表的宗教资源
	自然资源开发	世界级资源：火山，热海
	人文资源开发	固定的节庆活动 世界级资源：国殇墓园，和顺图书馆
建设水平不足	城市形象建设	部分城市风貌破坏，环境卫生较差，应提升城市文明程度，如加强环境卫生整治，提高市民素质
	城市宣传水平	知名度不高，应加强宣传力度，如短视频宣传
	人才引进情况	人才引进不足，应该提高人才引进待遇水平

资料来源：课题组自绘

6.3.2.2 存在的主要问题

（1）城市山水格局弱化

古代城池位于山环水抱之中，县城、和顺、下绮罗三者共同形成环抱来凤山之势。当前城市建设环来凤山东部已完全连成片区，清、民时期清晰的山水、城池、聚落格局正逐渐丧失。

（2）老城街道格局得到保存，但历史地标建筑缺失

传统中轴线上作为地标的历史建筑在抗战中悉数被毁，如龙云像、南门、原北门、原文星楼等。现北门、文星楼原址重建，但其余被毁重要建筑暂无替代者。历史建筑与现代建筑混杂，城墙位置虽可辨但已无地面遗存。老城南北轴线北段恢复重建文星楼和北门、牌坊，但缺乏人气。

（3）历史遗存未得到系统组织，未形成旅游路线

保护不够，缺乏整治。遗存之间缺少组织，既不便于分级保护和利用，也不便于游客游览体验。许多遗存缺少整修或埋于地下，现状不佳，能够直接利用的数目不多。县城遗存类型以抗战和庙宇居多，规模较小；县城已开发的旅游资源数量少，配套服务设施不完善，设计水平不高。历史院落和传统街道集中分布于南城，缺乏保护与开发利用，面临被拆。新开发模式与旧城不符，尺度差异大。绿地与广场等开敞空间数量不足，新旧开发导致城市肌理尺度失衡，新旧开发尺度差异大，急需完善城市旅游体系（图6-4）。

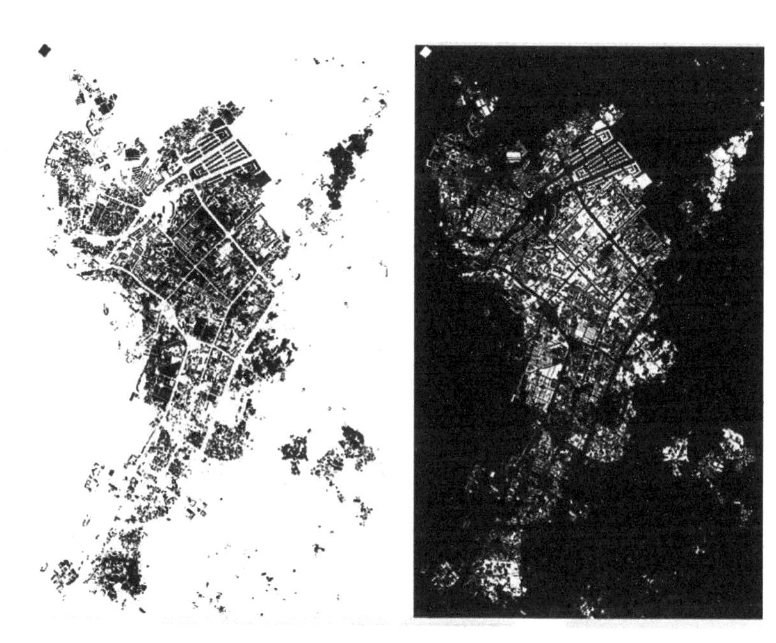

图6–4　新旧城市开发肌理尺度对比

资料来源：课题组自绘

6.3.2.3　旧城更新及历史空间重构建议

通过特色空间的调查研究，课题组提出了宏观梳理和旧城提升的措施。尝试建构“点—线—面”相结合的特色空间体系，包括特色片区、景观廊道、重要节点，其中特色片区包括旧城、新区、和顺和绮罗四个组

团片区（图6-5）。

首先，保护现有遗存、整治周边环境，建构腾冲旧城历史体验空间廊道（图6-5）。极边古城历史体验空间，以北门及城墙根为基础；侨乡书礼文化历史体验空间，以文庙、黉学路、文星楼为基础；南丝路商业文化历史体验空间，以南城厢、药王宫等为基础；抗战历史体验空间，以国殇墓园、一九八师纪念塔等抗战遗存为基础。

其次，规划大盈江特色文化廊道，提升现有景点、休闲项目、文化街区，构建大盈江两岸特色文化空间，在功能设置和建筑风格上体现翡翠文化、多民族文化与东南亚文化等腾冲特色文化；在凸显特色的基础上，通过创意空间、构建特色文化街区等手段，挖掘休闲、消费的新方式；沿大盈江建设特色滨水景观。此外，规划打通环来凤山旅游休闲廊道，串

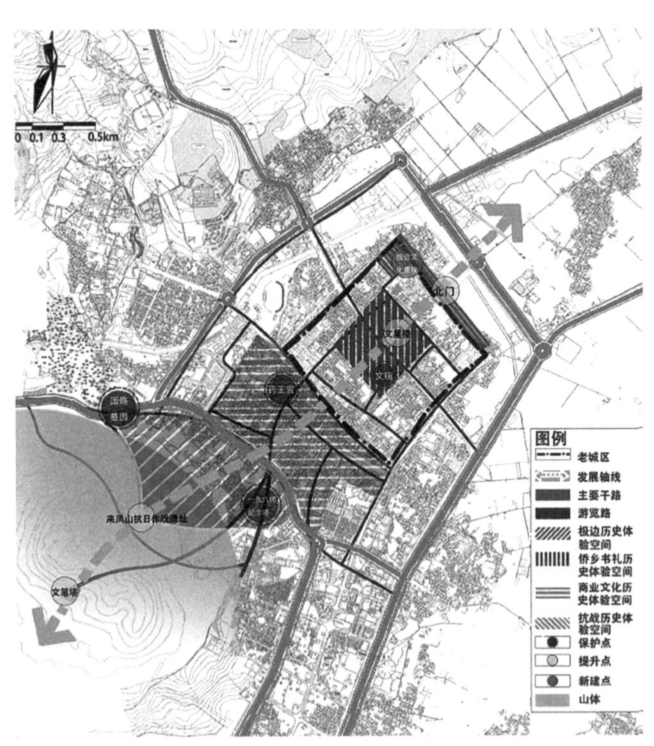

图6-5　腾冲老城历史体验廊道更新建议

资料来源：课题组自绘

联各个旅游组团。

再次，提升和发掘特色空间节点，串联历史遗留、开放空间、景观绿地和传统建筑。具体有以下两点：第一，控制关键点的建筑高度，提升山水城格局的景观通廊。第二，增加标识性建筑，提升景观通廊的可识别度。

本章小结

本章重点阐述历史城镇调查研究的目标意义、主要方法、对象内容，通过调查研究为保护开发、更新改造、政策研究、运作模式等提供相应建议；并以昆明市呈贡老城和云南省腾冲老城为例，阐述调查研究的现实意义，阐述调研的工作方法及工作内容，调查老城传统民居、文化遗产、整体格局，并为保护开发提出改进建议。

思考题

试以一典型的历史城镇或老城更新为例，阐述调查研究的主要方法及内容，并尝试提出新思路、新方法以及相应的更新建议。

第七章
云南历史城镇保护规划编制与实施管理

本章内容重点：云南省国家级历史文化名城/镇的保护规划编制及实施管理。

本章教学要求：通过具体案例分析，理解国家级历史文化名城/镇、省级历史文化名城/镇保护规划的编制与实施管理。

7.1 云南省国家级历史文化名城

迄今为止，云南共有国家级历史文化名城7座（昆明、大理、丽江、建水、巍山、会泽、通海）。以昆明、大理、通海为例，阐述分析国家级历史文化名城保护规划的编制、实施和管理。

7.1.1 昆明历史文化名城

7.1.1.1 昆明市历史文化名城保护历程

昆明是国务院1982年公布的首批国家级历史文化名城。1956年全国第一次文物调查，昆明也开展了第一次文化普查工作。昆明在1983年10月编制第一份《昆明历史文化名城保护规划》，对昆明历史文化名城的保护发挥了积极作用。进入20世纪90年代，昆明历史文化名城保护工作重心逐渐从文物的重点保护拓展到古建筑群、历史建筑以及历史街区方面。1995年颁布施行、2004年修订实施的《昆明市历史文化名城保护条例》，

标志着昆明成为我国较早制定和实施“名城保护条例”的城市之一。1999年7月，在国务院正式批准《昆明城市总体规划（1996–2010）》后，按照其中历史文化名城保护专项确定的框架，规划部门于2001年完成了系统的《昆明市历史文化名城保护规划》，同时也完成了两片历史街区和一座古镇（即昆明官渡古镇）的保护性详细规划，完成一批重点文物保护单位环境控制区、传统山水风貌保护区的保护和控制规划。2011年对《条例（2004版）》进行修订，有针对性提出保护利用的原则和要求、设定可保护规划的名录内容、明确保护对象等。2015年开始实施《昆明历史文化名城保护规划（2014-2020）》，建立了完整的名城价值与特色评估体系，精炼出昆明七大特色价值；结合遗产保护发展趋势，针对昆明名城保护现状，积极完善了保护规划的技术路线；与现实条件紧密结合，注重规划落实。

7.1.1.2 昆明市历史文化名城保护的原则、保护层次和保护内容

（1）保护原则

保护原则：建构系统完整的保护框架，基于价值评估，从物质与非物质、遗产与环境整体保护的角度出发，明确所有应予以保护的保护内容与保护要素。

真实原则：深入认识历史文化遗产与历史环境传递的历史信息，明确以保护历史真实性为遗产保护的首要原则。

完整原则：针对昆明名城自然与人文并重的特色，明确对所有遗产要素与环境整体保护的原则。

永续利用原则：对历史文化遗产的利用不能急功近利，过分追求经济效益，应在保护的前提下，对各类历史文化遗产进行合理利用，保证可持续发展。

科学原则：针对不同遗产进行合理的保护范围划定、区划协调，针对性地提出保护措施。

公众参与原则：提升公众参与意识，号召社会各界通过各种途径和

形式，主动参与到遗产保护的各个层面。

（2）保护层次

规划根据名城特质完善了昆明历史文化名城保护层次，在历史文化名城保护规划划分的三个保护层次基础上增加了市域、环滇池地区、历史建筑以及非物质文化遗产四个部分的保护内容（图7-1、图7-2）。

图7-1　规划范围示意图

图片来源：《昆明历史文化名城保护规划》

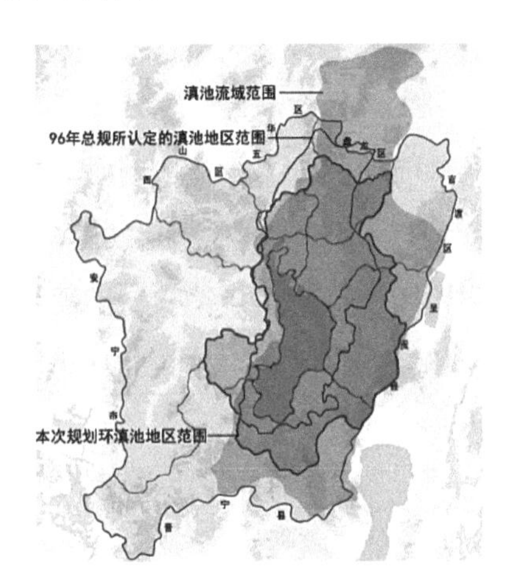

图7-2　环滇池地区范围示意图

图片来源：《昆明历史文化名城保护规划》

（3）保护内容

规划建立了昆明历史文化名城价值与特色评估体系，从市域、历史城区、历史文化街区、文物保护单位、历史建筑、非物质文化遗产等层面出发，对每个层次中的要素进行了细致评估。精炼出昆明七大特色价值，将其作为保护的依据，明确价值特色对应的内容进行保护，其中包括：西南要会、南中首邑、通达中外的关口；山环水聚、地质奇观、气候宜人的滇中盆地；形胜宏大、依山就势、清晰独特的古城形制及其山水格局；民居多样、地方特征突出、主题鲜明的历史村镇与街区；积淀深厚、影响巨大、价值突出的文化景观与文化线路；波澜壮阔、遗存众多、影响深远的近代文化与抗战文化；兼容博大，多民族交融、类型丰富的非物质文化遗产。其中历史文化名城层次保护的重点为山水形胜、传统格局、历史地形。

7.1.1.3 昆明历史城区山水营城的整体保护

古有元代王昇的《滇池赋》，将昆明古城山水形胜概括为三面环山：“碧鸡峭拔而岌嶪，金马逶迤而玲珑；玉案峨峨而耸翠，商山隐隐而攒穹。”明代汪湛海则理解为“龟蛇相交”。古城特别是云南府城选址时选取金马山、长虫山、玉案山、碧鸡山与滇池围合的中心平原，依山面水，气势宏大。古城选址相关的山水形胜，尺度控制在以丽正门为核心，6000米为半径圈层内；总体形成了环山面水的古城选址意象，圈层内部分山水与古城营建有着一定的对位关系。古城内山水形胜的保护提出以“三山一湖”为整体保护的重要内容。保护山体水系以及与其相关的重要历史文化资源，并提出结合城市开发空间进行展示的措施，同时对于古城微地形也提出了保护要求（图7-3、图7-4）。

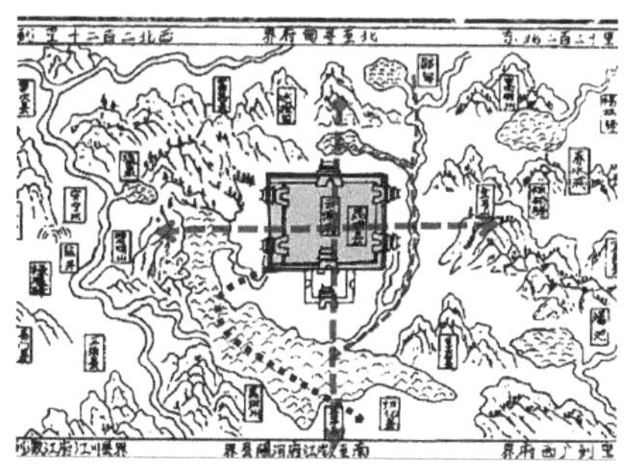

图7-3 十字山水形胜图

图片来源：《昆明历史文化名城保护规划》

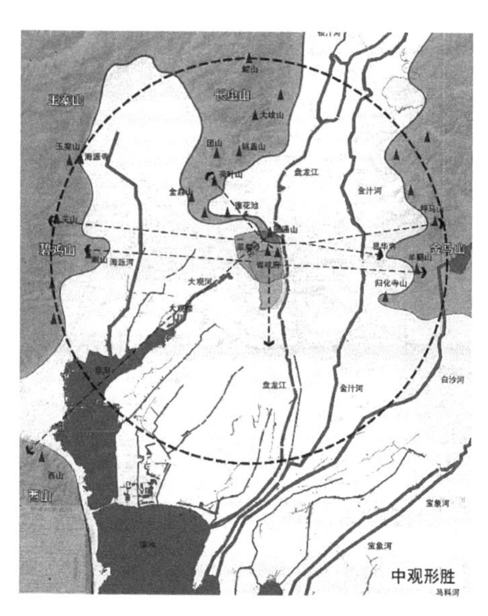

图7-4 山水形胜规模控制与古城及周边山水的位置关系

图片来源：《昆明历史文化名城保护规划》

7.1.1.4 昆明历史城区山水营城整体保护的空间组织

山水营城的空间组织包含直接相关的山水环境、城垣形制、历史地形、街巷格局等要素。昆明历史文化名城层次的保护范围主要包括历史城区以及与昆明古城选址、营建和变迁密切相关的自然、人文景观。大观楼、大观河、篆塘一线，自云南府城建城以来即为联系古城内外的重要渠道。昆明历史文化名城保护范围包含历史城区与历史文化景观带，共计6.8平方千米（图7-5、图7-6）。

图7-5 昆明历史城区层次保护范围示意图

图片来源：《昆明历史文化名城保护规划》

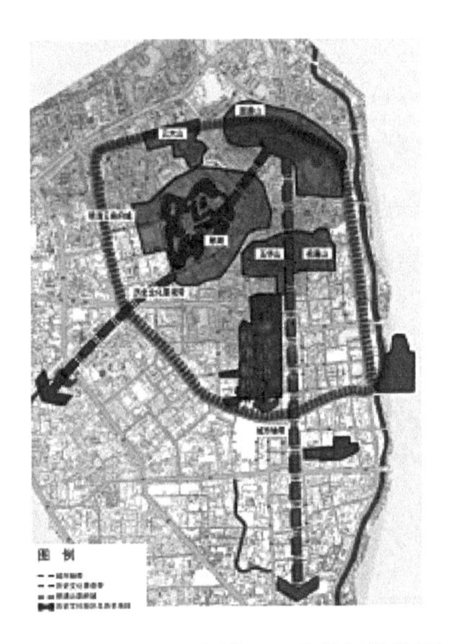

图7-6 昆明历史城区层次保护结构图

图片来源：《昆明历史文化名城保护规划》

历史文化景观带是圆通山、翠湖、篆塘、大观河、大观楼等串联形成的古城至草海之间的特色景观通廊。同时针对历史城区内重要的山水文化，提出了城市轴带的保护，昆明古城的城市轴带是由传统中轴线、文庙轴线与胜利堂轴线共同构成的城市传统空间系统，它包括正义路、三市街、文庙直街、文明街、甬道街等南北向传统街道及其串联的天开云瑞坊、忠爱坊、金马坊、碧鸡坊、东寺塔、西寺塔、文庙等历史文化遗存要素（图7-7、图7-8）。

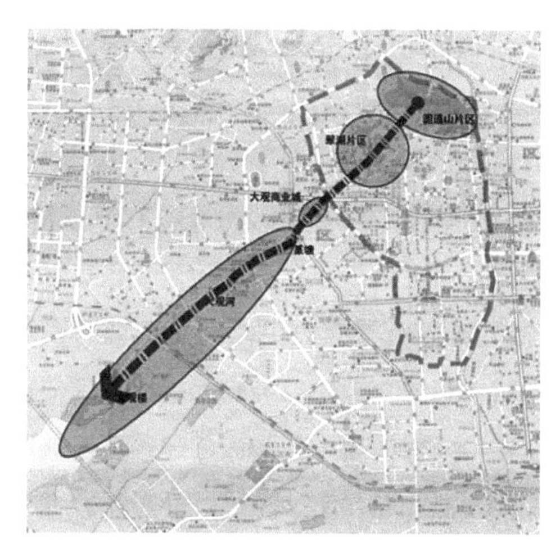

图7-7　昆明历史城区历史文化景观保护规划图

图片来源:《昆明历史文化名城保护规划》

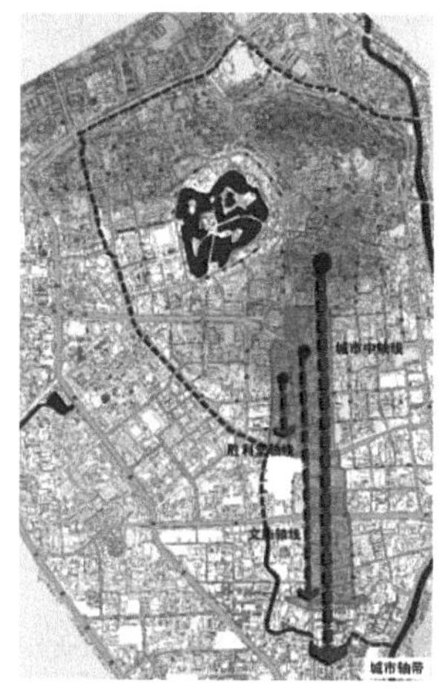

图7-8　昆明历史城区城市轴带保护规划

图片来源:《昆明历史文化名城保护规划》

传统街巷的保护提出街巷格局整体保护的目标，保护历史文化名城以人民路为界，北部顺应山水、南部规整方正的街巷格局，同时提出保护“十三坡”的街巷名称、尺度及历史地形（图7-9）。

图7-9　昆明历史城区传统街巷格局保护规划

图片来源:《昆明历史文化名城保护规划》

7.1.1.5 古城与山水关系的控制与保护

规划对空间视廊和地块建筑高度等进行控制。古城内空间视廊分为自然景观视廊、道路及城廓观山视廊和重要节点视廊三类。古城周边的视廊控制，通过城市设计勾勒并加强古城轮廓（明清云南府城）的整体可辨识度，强调古城与周边自然环境的联系，集中布置高层建筑，重点保护从长虫山、金马山、凤凰山、西山、玉案山等周边山体观看古城的视线通廊，规划通过计算自然山体和古城之间的直线距离与自然山体高度的比例关系，同时结合建筑层高要求，对山城视线通廊范围内的建筑高度加以分段控制，以保证周边山体观看古城的视线通畅（图7-10、图7-11）。

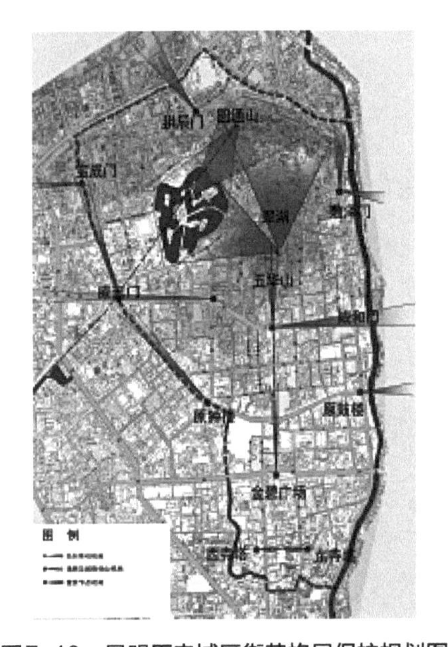

图7-10　昆明历史城区街巷格局保护规划图

图片来源:《昆明历史文化名城保护规划》

图7-11　昆明历史城区建筑高度控制图

图片来源:《昆明历史文化名城保护规划》

7.1.1.6 昆明历史文化名城保护规划实施管理

（1）规划实施管理措施

2014年版规划从实施总体策略、管理监督体系、实施管理人员、管理规章制度等方面，列出规划管理需要落实的工作内容，建议设立保护委员会实施直接综合保护管理，完善管理规章制度与日常管理，加强规划的宣传，推动规划的落实以及旅游开发的有序进行。分近、远两期逐步实施各个层次的各项保护工作，并列出近期工作目标。

（2）保护规划实施成效

《昆明历史文化名城保护规划（2014–2020）》自实施以来，从各层面推动了昆明文化名城保护工作。首先是对各级文物的保护，截至2019年昆明已划定3个历史文化街区、20多个国家级传统村落，全市共有各级文物保护单位653项（656处），非物质文化遗产四级名录项目684项（图7-12～图7-14）。

图7–12　云南陆军讲武堂旧址

图片来源：http://kmds.km.gov. cn/upload/resources/image/2022/05/10/3665917.jpg

图7–13　福林堂

图片来源：https://img2.027art.cn/img/2020/07/10/1594313913814503.jpg

图7–14　文明阁建筑群

图片来源：https://static.clzg.cn//upload/clzg/2018/06/01/15278180428_7621.jpg?x-oss-process=style/clzg_content&clzg_scale=828,512

2017年成立昆明历史文化名城保护委员会，监督执行有关名城保护的法律、法规；统筹指导昆明历史文化名城保护工作；审议历史文化名城保护规划；研究昆明历史文化名城保护的重大事项。2018年昆明市规划局与云南文化遗产保护实验室签署战略合作协议，加强与高校间的“产学研合作”，促进昆明城乡历史文化遗产保护事业的高水平发展。

为切实做好历史文化遗产的保护利用和展示工作，昆明市根据文化遗产聚集度和博物馆业发展条件，大力推动名人博物馆、纪念馆等重大项目的建设发展。昆明市规划编制与信息中心构建历史文化名城保护规划地理信息系统，以及开放对外宣传与公众参与平台。对具有历史意义的生态环境进行治理与改善，如对滇池、长虫山生态公园、盘龙江滨江绿化带等具有重要历史意义的城市生态环境进行治理，使得城市历史空间环境要素得到有效的保护（图 7-15～图 7-17）。

图7-15　滇池

图片来源：https://p1.itc.cn/q_70/images03/20210621/c0168eea5f9b4fa281b14da44361d67b.png

图7-16　长虫山生态公园

图片来源：https://image.xcar.com.cn/attachments/a/day_160124/2016012415_e539ec7434ac85ebffab06nHjKkEKS3I.jpg

图7-17　盘龙江滨江花园景观

图片来源：http://5b0988e595225.cdn.sohucs.com/images/20171018/dffb85114ce94ec88e100f3533a1b753.jpeg

（3）保护规划实施问题及建议

昆明作为云南省的政治、经济和文化中心，客观情况导致昆明市的人口和建筑高度密集，历史城区内重要的传统格局和视廊遭到了不同程度的破坏，虽然规划在对上一版本评估中提出了这个问题，但没能很好解决，其中包括对历史城区内金碧路、文庙横街等传统尺度街道的拓宽，宝善街、大观街、同仁街等历史风貌片区的违和建筑，俊园小区等建设活动对大观楼望草海、翠湖至大观河、圆通山看翠湖等重要的传统视廊的遮挡等。除整体格局保护存在问题外，规划也忽视了对文物古迹周边环境的保护，文物周围环境缺乏缓冲空间。总的来说，仍需要加强对文化遗产保护工作的政策研究与制定工作（图 7-18～图 7-20）。

古城自然环境与山水格局的保护还需强化，昆明名城保护从宏观层面对自然环境与古城周边的部分山体的自然价值进行探讨，但是规划实施效果并不明显。河湖水系不成系统，城市中的自然水系两侧绿化环境不成系统，缺乏与城市开放空间的整合，且居民对部分历史水系如六河的价值认识不足。规划对传统街巷、街区的展示与利用方式还有待商榷，

图7-18　俊园小区阻挡景观视线

图片来源：团队拍摄

图7-19　王九龄故居外围

图片来源：团队拍摄

图7-20　同仁街

图片来源：http://mms2.baidu.com/it/u=2889021478,3963582822&fm=253&app=138&f=JPEG&fmt=auto&q=75?w=500&h=299

对现状存在名人故居、历史建筑等的宣传不足，因此规划实施还需加强规划宣传，处理好历史文化遗产与旅游开发的关系。管理与监督亟待加强，还需提高当地居民的保护意识，逐渐完善管理体系以及公众参与保护的监督机制。

7.1.2　大理历史文化名城

7.1.2.1　大理历史文化名城保护历程

1982年国务院公布大理为全国首批24个历史文化名城之一。1983-1989年，在国家建设部的帮助指引下，经过大量的调查研究，编制并不断完善了《大理历史文化名城总体规划》《大理文化名城保护规划》，其中总体规划提出了“三保护：保护古城布局结构和棋盘式道路格局、保护古城‘内秀外雄’的独特风貌以及保护有价值的历史遗存；二结合：古城保护与园林绿化相结合、古城建设与旅游开发相结合；一控制：控制与城市性质不协调的工业发展；一协调：协调地方和驻军关系”的规划原则；保护规划的重点保护为“一个面、一条线和若干点”。2007年6月颁布《云南省大理白族自治州历史文化名城保护条例》。2010年进行新一轮城市总体规划修编，将大理历史文化名城保护规划也纳入总规修编，根据经济社会发展和名称的潜在价值，在保护规划中作了新的定位。大理市先后编制完成了《大理市喜洲历史文化名镇保护规划》《大理市双廊历史文

化名镇保护规划》和《大理市龙尾关历史文化街区保护规划》。同时，制定了《关于加强大理古城规划管理的暂行办法》，形成了完整的历史文化名城名镇名村保护规划体系。2015年编制完成新一轮历史文化名城保护规划，规划依据近年来国家遗产保护体系的完善动态，为大理建立了系统化的保护框架。

7.1.2.2 大理历史文化名城保护原则、保护内容和保护主题

(1) 保护原则

保护历史真实载体的原则；

保护历史环境的原则；

合理利用、永续利用的原则。

(2) 保护内容

规划应对 2012 年住房和城乡建设部和国家文物局对大理名城保护不力的批评和整改要求，有针对性地提出明确的整改对策。规划过程中专研了大理名城的特色与价值，其中包括“风花雪月”与“一水绕苍山，苍山抱古城”的自然环境特点、依托山海的整体防御体系、大理与龙尾关的城市格局特色、城市色彩特色以及地方文化特色等，保护的内容又分为物质文化遗产和非物质文化遗产两部分，物质文化遗产保护又包含从市域到历史城区和街区、再到文物古迹4个层面，且各层面都贯彻对苍洱田园大环境背景的保护，作为文化遗产保护和发展的基底。

(3) 保护主题

规划围绕4个保护主题，对大理的历史文化遗产进行保护与展示利用。其中，“银苍玉洱百二山河”这一主题对苍山、洱海等构成大理整体防御体系的地形特点，以及对苍山上、洱海中、海滨的历史文化遗产进行保护；民族团结历史见证这一主题保护云南与中原民族团结象征的相关文物，突出大理在中国历史上的重要地位；南诏故都雄秀府城这一主题通过保护南诏建立的太和城、阳苴咩城、龙首关、龙尾关等遗址以及元世祖平云南碑等重要文物，对大理古城进行整体保护；古道商帮白族风情

则重点保护大理作为西南丝绸之路和茶马古道交汇节点时留下的各类物质和非物质文化遗产，同时对白族的民俗文化进行整体保护（图7-21）。

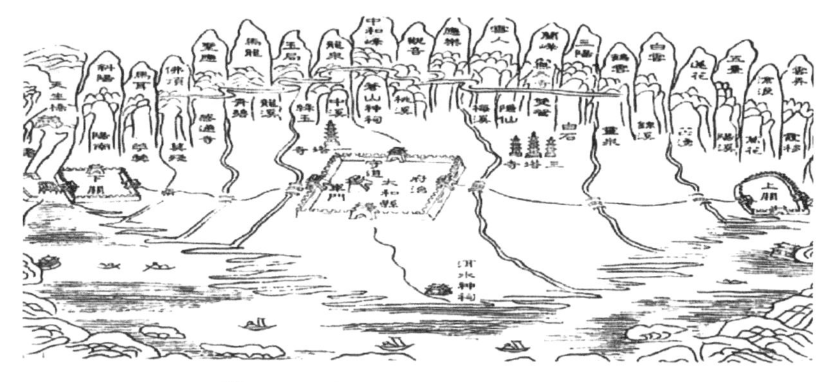

图7-21　大理古城整体格局（清•康熙）

图片来源：崔颖.大理古城风景营造的历史经验研究[D].西安建筑科技大学，p25.

7.1.2.3　大理历史文化名城风景营造的整体保护

大理是南诏大理国的都城，又是“南方丝绸之路——蜀身毒道”和“茶马古道”线路上的重要古城，其历史可追溯至唐天宝年间，现在的古城建于明洪武十五年（公元1382年），其形态以及路网基本上仍然保持明朝城池特色。城池选址有利于防御攻击，以苍山洱海为大理古城的天然屏障。

2015年版保护规划对上一版保护规划存在的问题进行整改，参照国家以及省级下发的历史文化名城名镇名村保护规划，结合大理历史文化特征进行编制，规划从保护区、保护带、保护节点三个层面保护大理市域文化遗产。

保护区是指苍山保护区和洱海保护区，根据《云南省大理自治州苍山保护管理条例》《云南省大理白族自治州洱海管理条例》等进行保护。

保护带是指洱海两岸大理市文化遗产集中分布的地带所形成的海西和海东两条保护带，海西保护带侧重于人文，联系了从上关到下关的整个南诏、大理国以来的重点发展区域，保护范围内按《云南省大理白族自治州洱海海西保护条例》进行保护；海东保护带侧重于自然，保护美丽的岛

屿与山海相连的自然状态。

重要保护节点是指历史文化遗产比较集中的重要保护节点，包括大理古城、龙尾关、喜洲、庆洞、周城等节点；同时规划对历史文化路线茶马古道线路进行分段保护，对整个市域风貌进行控制，包括组团风貌控制，海西风貌控制以及双廊镇域滨海风貌控制（图7-22、图7-23）。

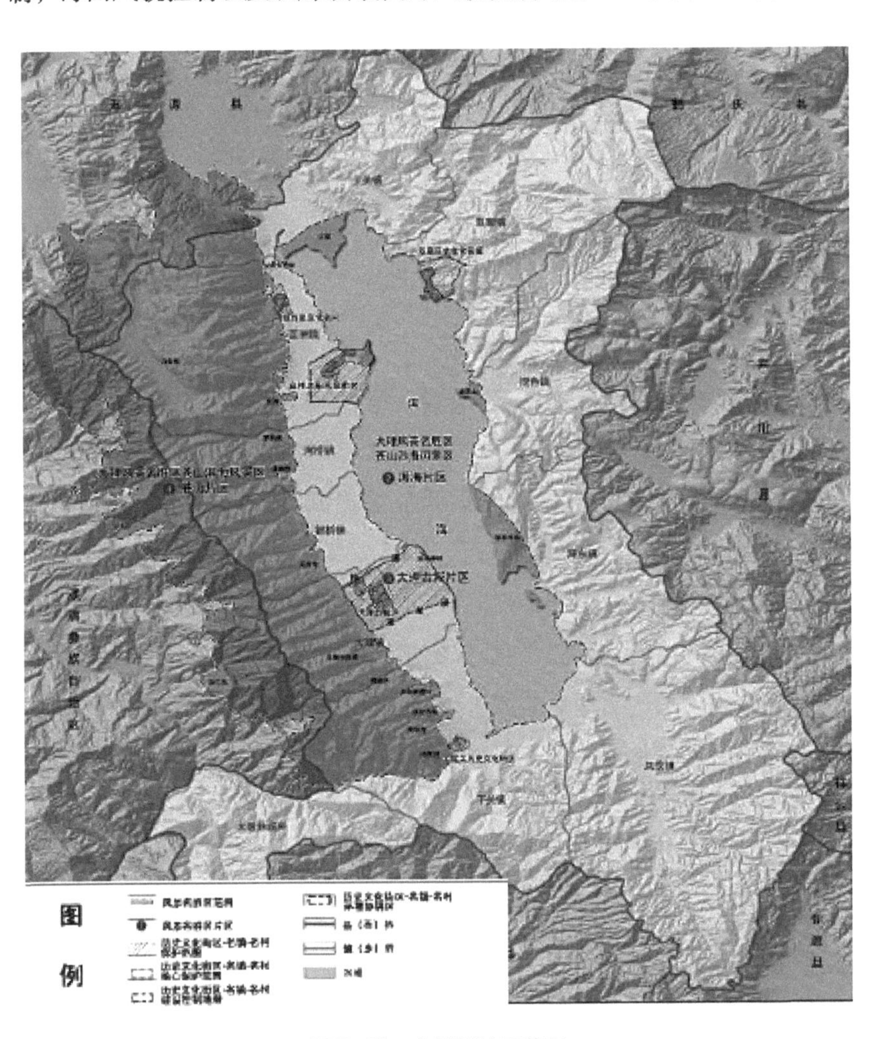

图7-22　市域保护区范围

图片来源：《大理历史文化名城保护规划》

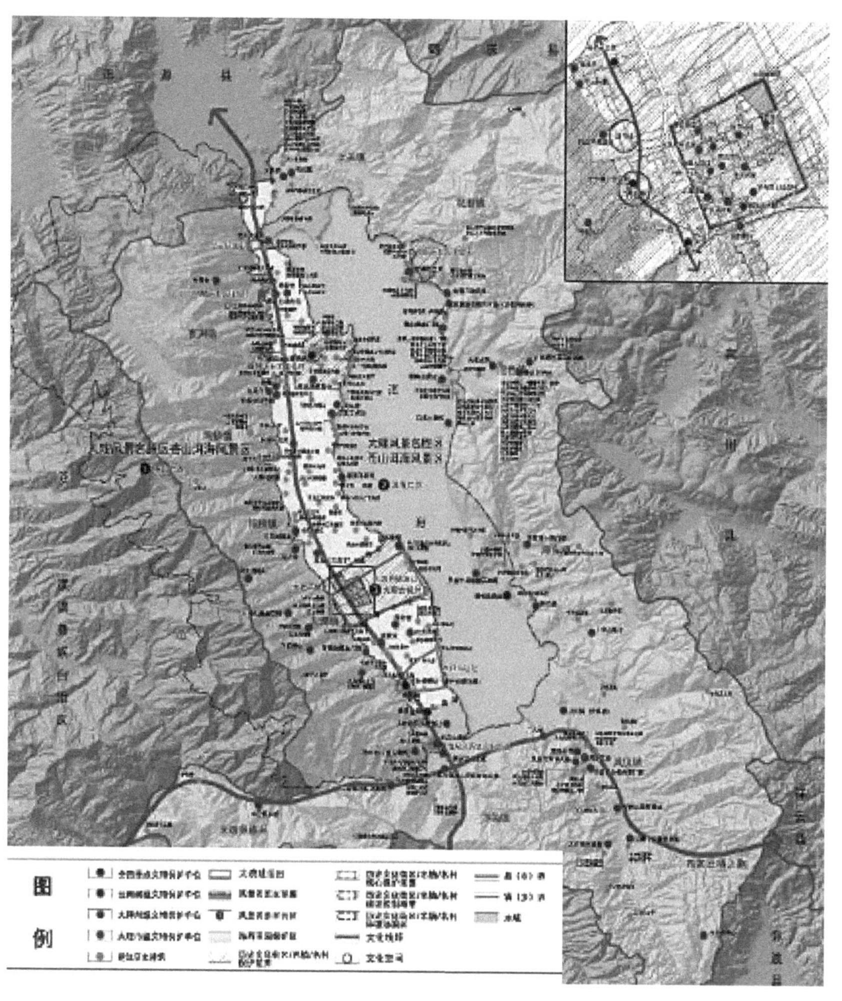

图7-23 市域保护规划总图

图片来源:《大理历史文化名城保护规划》

7.1.2.4 大理历史城区风景营城保护的空间组织

大理古城区定位为集文化、旅游、居住功能为一体的复合功能区。文化功能是其核心，旅游业是其主导产业，同时保持一定的居住功能作为社会支撑。大理古城内以功能梳理整合、完善设施配置为主，将一部分与古城相关性较弱的功能迁出，加强商业、文化、旅游服务等方面的功能。规划保护区划核心保护范围：以复兴路、人民路为核心的传统建筑集中区域，包括太理古城墙、崇圣寺三塔、弘圣寺、三月街、跑马场，面积116.3公顷。建设控制地带：核心保护范围以外，北至梅溪，南至白鹤溪。古城区的风貌协调主要是通过对大理古城区建设控制地带进行分区控制，包括古城控制区（A片区）、总规确定的生态空间区（B片区）、以等高线2100米以下以及以上为界限划为城西控制区（C片区）、需与苍山保护区协调的山麓控制区（D片区）、建设控制区以外的风貌协调区（图7-24、图7-25）。

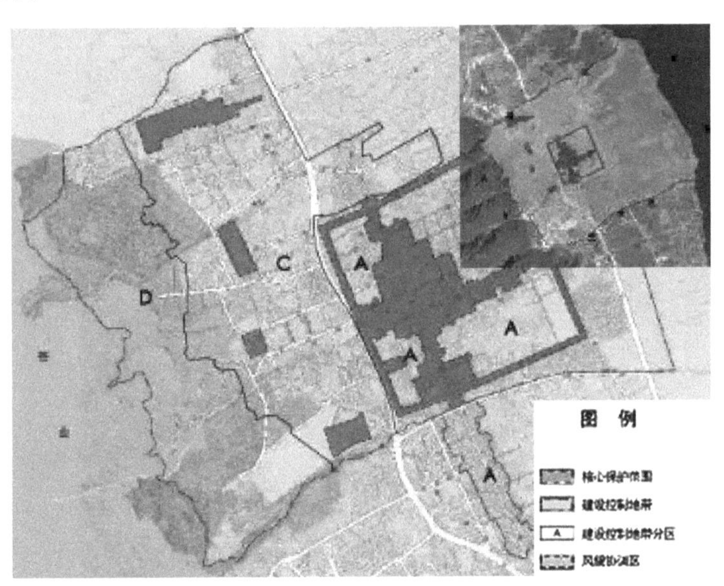

图7-24　大理古城区保护区划图

图片来源：《大理历史文化名城保护规划》

历史城区的整体环境格局保护重点包括苍山、古城、洱海，以及“山—城—田—海”的过渡关系，控制城市建设边界。其中苍古城西门—苍山山坡的过渡区域建设强度应逐渐减小，建设高度逐渐降低；古城—洱海之间保持开放的田园环境，现已建设区域秉承只减不增原则；苍山—洱海之间需要保证互望的视野中不存在突兀建构筑物；十八溪两岸应保护以自然生态为主的风貌特征。

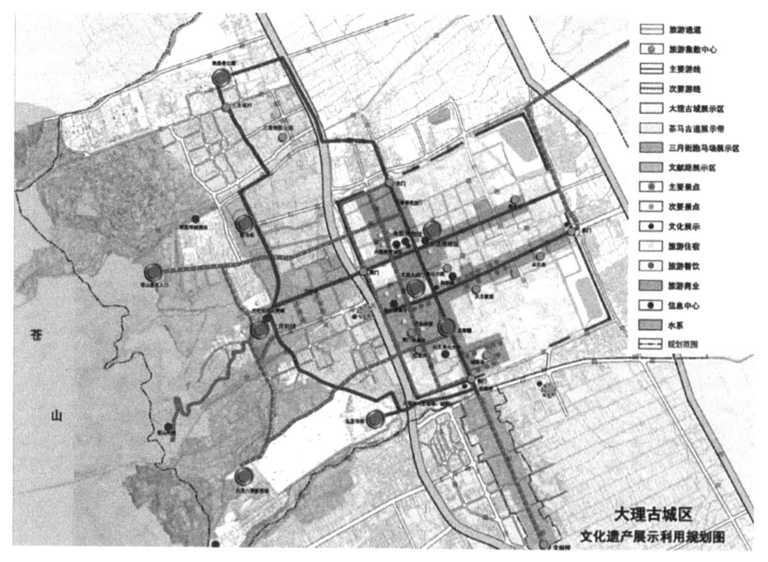

图7-25　大理古城区文化遗产展示利用规划图

图片来源:《大理历史文化名城保护规划》

7.1.2.5　古城的控制与保护

历史城区的控制与保护主要是指对城市形态的保护、传统街巷的保护、文保单位与历史建筑的保护和对地块建筑高度的控制。古城的形态保护通过控制山体的开采来保证重要文保的高度优势，还提出了通过对城墙进行轮廓展示、对传统商业轴线的保护与控制来加强文化展示，对视线廊道内的建筑高度与建筑风格进行控制，保证城市轴线的视线畅通。针对传统街巷的保护提出了保护街巷走向、宽度、风貌等历史信息。历史城区及其周边的建筑高度是根据传统建筑、历史建筑的保护区划、街巷、视廊的关系，以及整体“山—城—田—海”的过渡高度进行控制，以保持风貌的协调。根据不同的建设控制地带对建设建筑进行控制（图7-26）。

7.1.2.6　大理市历史文化名城保护规划实施管理

（1）规划实施管理措施

2015年版规划分析了规划实施的保障机制，包括法律保障、资金保障、居民参与以及教育宣传，从硬性的政策文件再到全民的参与实施保

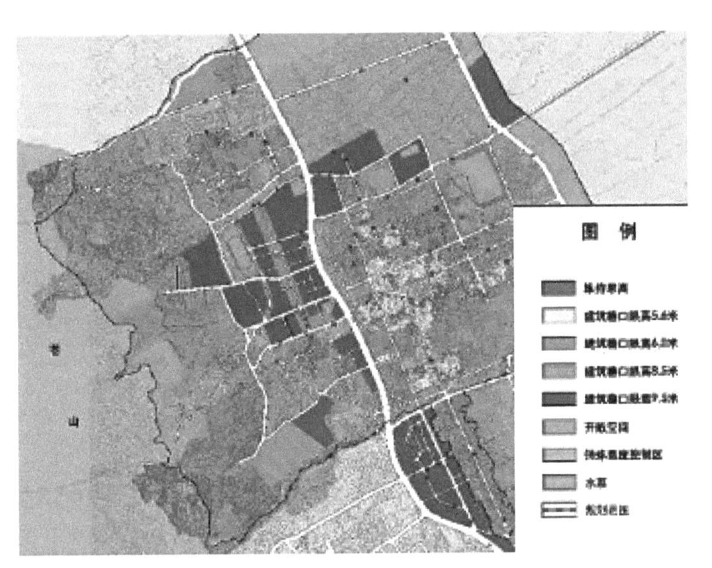

图7-26 大理古城区建筑高度控制图

图片来源:《大理历史文化名城保护规划》

障。对不同的管理机构确定了相应的管理工作，且对不同类型的历史文化遗产所对应的管理机构以及管理职能都做了明确的指示。建议关于古城以及历史文化街区建设重大项目需要进行报备许可，制定近期保护工作的任务为理清管理机制、明确保护对象、禁止对文物和环境有破坏的行为，以及加强文化建设。

（2）保护规划实施成效

保护规划编制以来，大理市历史文化名城维持“一水绕苍山，苍山抱古城”的基本自然格局。根据编制城市形态和基本山水格局基本保留，对洱海流域有污染的建筑进行搬迁安置，以及停止对苍山景观破坏的建设行为。规划实施以来大理市文物保护落实成果显著，大理市文物保护管理所贯彻的“保护为主，抢救第一，合理利用，加强管理”文物工作方针，为实现文化旅游融合发展奠定了基础。截至2020年大理市共有各级文物保护单位89项，其中国家级9项、省级17项、州级28项、市级35项。历史城区及其周围环境的风貌得到了有效控制（图7-27—图7-29）。

图7-27 苍山望洱海

图片来源：本研究团队拍摄

图7-28 苍山脚下

图片来源：本研究团队拍摄

图7-29 龙首关遗址

图片来源：本研究团队拍摄

市域保护带的实施也在开展，一直在推进茶马古道大理历史文化遗产资源综合保护与利用，2017年9月16日，茶马古道（凤阳邑至龙尾关段）修复及保护利用项目由大理市政府交由大理旅游度假区管委会实施，度假区与瑞士LEP规划咨询公司对项目规划编制。后续还进行了对茶马古道大理段修复的规划编制（图7-30—图7-32）。

图7-30 凤阳邑广场

图片来源：本研究团队拍摄

图7-31 凤阳邑段景观标识

图片来源：本研究团队拍摄

图7-32 茶马古道遗址

图片来源：本研究团队拍摄

关于非物质文化遗产保护方面，大理市构建了文化遗产保护四级管理体系，有效推动文化产业和文化事业实现良性循环发展，为弘扬优秀民族文化作出了重要贡献。截至2020年，有各级非物质文化遗产保护项目75项，全市共有各级非物质文化遗产项目代表性传承人237人。辖区内有国家级传统工艺工作站1个、国家级非物质文化遗产生产性保护示范基地1个、非物质文化遗产博物馆3个。

（3）保护规划实施问题及建议

规划编制以来，相关部门在古城的保护方面已经加大了实施力度，对一些不符合保护条例的建筑予以拆除，但仍存在难以拆除的违规建筑。

在建设过程中，古城内的建筑高度、建筑风格等基本得到了控制，总体风貌得到了合适的保护。但也存在一些问题，如试图恢复历史上“家家流水，户户养花”的生态环境，但水景的设计手法繁缛，缺少古城水系天然协调的特色。

整体看来规划实施在保护区域、保护节点两个层面保护取得了较好成效，但对于保护带层面的实施来说，依旧存在一些问题，其中包括上关到下关的历史延续性弱，在大丽路以西的建设风貌不协调，历史景观破碎化，使得串联历史文物的线型文化被破坏。

以政府部门为主导、社会各阶层全面参与的保护机制还未形成。现阶段大理州政府已经成立了各级文化遗产保护机构并开展各项保护工作，但保护依然不够到位。由于对文化遗产保护的宣传与教育不到位，民众对文化遗产的保护意识不强，而非物质遗产的展示利用方式过于商业化，不利于民俗文化的传播（图7-33—图7-35）。

图7-33　凤阳邑建筑废墟

图片来源：本研究团队拍摄

图7-34　白族三道茶

图片来源：本研究团队拍摄

图7-35　苍山脚下违规停建建筑

图片来源：本研究团队拍摄

7.1.3　通海历史文化名城

7.1.3.1　通海历史文化名城保护历程

通海历史文化名城是拥有千年历史的古城，1959年10月22日，原华宁县从通海县划出，杞麓县仍称通海县至今。在2004年被列为历史文化名城之前，通海对历史文化名城保护规划管理等工作推进迟缓，随着我国历史文化保护事业不断加速，通海也加强了对古城保护的意识，对加强历史文化名城的保护工作做出举措。2005年，颁布了《通海县旅游发展规划》，其中更多的是对县域的发展进行探讨。为在2010年申报国家历史文化名城，通海在2009年依据国家历史文化保护规划规范、云南省历史文化名城名镇名村名街保护条例，完成了《全国重点文物保护单位秀山古建筑群保护规划（2009）》以及《通海县历史文化名城保护办法（2009）》，将规划作为申报的技术材料。但由于技术资料原因，经国家相关主管部门审查后认为该规划存在问题，导致规划基本没有实施。2015年重新编制完成的《通海历史文化名城保护规划（2015-2030）》改正了上一版规划存在的问题，确定了合理的保护区划和保护要求。截至2016年通海共有各级文物保护单位85处，其中全国重点文物保护单位1处、省级文物保护单位8处、市级文物保护单位8处、县级文物保护单位66处。

7.1.3.2 通海历史文化名城保护原则、目标和保护主题

（1）保护原则

保护历史真实载体的原则：文物古迹和历史环境不仅提供直观的外表和建筑形式的信息，同时是历史信息的物化载体，它能传递今天尚未认识、而于明天可能认识的历史和科学的信息。文物古迹和历史环境是不可再生的，因此，保护是第一位的，必须认真保护。

保护历史环境的原则：任何历史遗存均与其周围的环境同时存在，失去了原有的环境，就会影响对其历史信息的正确理解。

合理利用、永续利用的原则：合理利用和永续利用的原则强调历史文化遗产的利用不能急功近利，不能过分追求经济效益，当前的利用方式应保证以后可以继续利用。

（2）保护目标

保护自然与文化遗产：对通海优秀的自然与文化遗产进行积极保护。除了继续保持对秀山的积极保护，还应当重视历史城区的整体保护，特别是对传统建筑的保护。同时，加强杞麓湖的水质提升和滨水区域的控制。

促进文化类产业发展：通过文化保护提升通海的城市精神和吸引力，促进文化产业的发展。在现状仅以秀山作为文化展示地的基础上，使历史城区和其他古镇、古村的文化特色得以展示和利用。

展示特色的民族文化：通海的民族文化颇具特色，特别是县域内的蒙古族和回族保持了鲜明的民族习俗，在文化展示和利用的过程中，应当将这些非物质文化进行传承。

（3）保护内容

规划对2009版本规划存在的问题进行改正，重新提炼出通海四个方面的历史文化价值，并围绕这四方面作为规划保护主题对通海历史文化遗产进行保护与展示利用。通海历史文化名城保护分为物质文化遗产保护和非物质文化遗产保护两个部分，其中物质文化遗产保护包含县域、历史城区、历史文化街区、文物保护单位和历史建筑4个层面，规划根据不同层次采取不同的保护方法和措施，规划将秀山、历史城区和历史文化街区作为保护重点所在。将保护非物质文化遗产作为城乡文化建设的重要组成部分，通过维护、传承文化传统，提升全民素质，展现通海历史文化名城特色。保护修缮文物保护单位和历史建筑、保护整治历史村镇的同时，积极开发、合理利用各类物质和非物质文化遗产，加强旅游、文化及休闲的功能，促进旅游及文化产业的积极发展。

7.1.3.3 通海历史文化名城县域的整体保护

通海县城处于杞麓湖南岸，是沿湖聚落中规模最大的一处，其所处的自然环境具有“秀山峙于南，双湖带于北，城若美人照镜”的特色。古城选址依山就势，坐南朝北，充分利用了周围的山形山势和地形地貌，古城的布局特色为：三城各司其职，商路一脉贯穿。通海县域整体保护围绕杞麓湖坝，以文化线路和民俗特色为脉络，形成“湖坝”加“两区、两线”的保护框架，对杞麓湖坝的山水格局进行整体保护。“两区”：杞麓湖东西两侧的遗产集中片区，包含了县域内大部分历史文化遗产；“两线”：商路文化主题线和民族民俗主题线（图7-36、图7-37）。

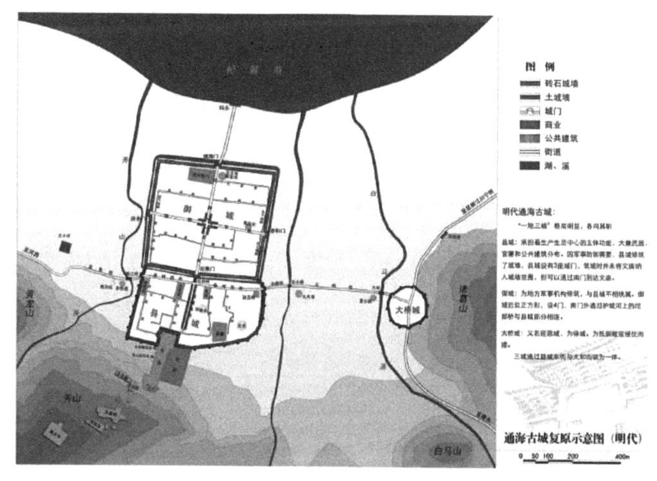

图7-36　通海古城复原示意图（明代）

图片来源：《通海历史文化名城保护规划》

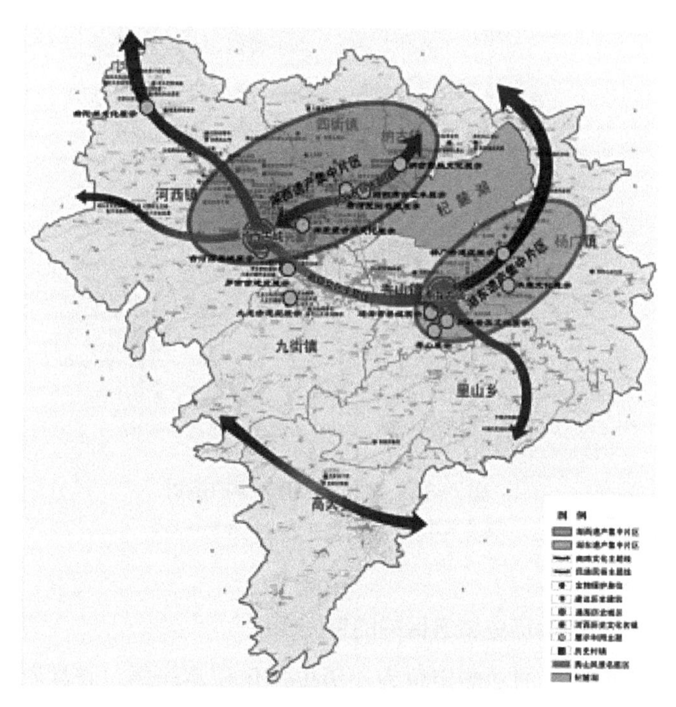

图7-37　县域遗产保护与利用规划

图片来源：《通海历史文化名城保护规划》

整体保护还包括对杞麓湖等水系、古树名木、县域范围内的五大山系以及城市建设活动向城外的田园地带进行保护。严格控制人工建设的发生与蔓延，保护山体地形、植被与水源清洁，保护生物资源的多样性，严禁掠夺性的资源开发，维护生态系统平衡。对文化线路保护除线路本体保护以外，还增加了文化场所和民间文化的保护；还通过对县域河西历史文化名镇以及其他历史村镇进行价值特色提炼，提出相应的保护要求（图7-38）。

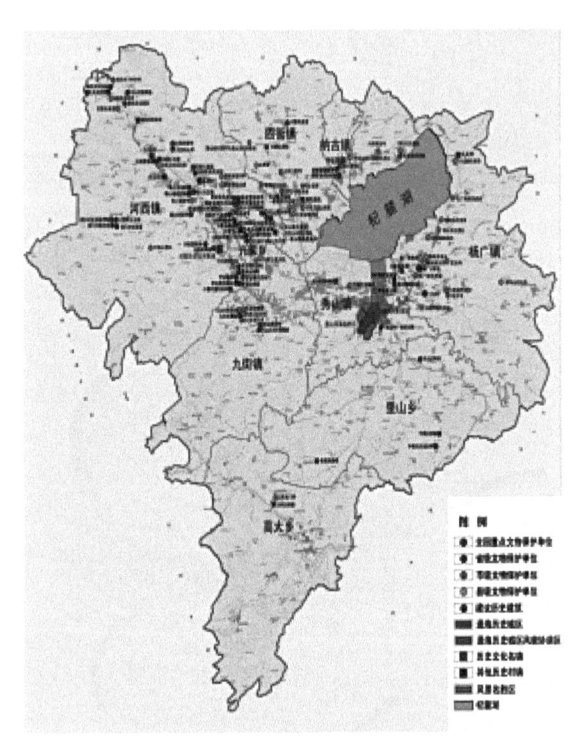

图7-38　县域文化遗产保护规划

图片来源：《通海历史文化名城保护规划》

7.1.3.4　通海历史城区保护的空间组织

通海历史城区的功能定位为：历史文化积淀深厚，兼具商业、居住、文化、旅游综合功能的城市中心。在历史城区的空间组织保护方面，为延续通海的历史环境特色，对中心城区提出建设控制、风貌协调的要求；

历史城区范围包括历史上的御城、旧县、秀山、古城东西关厢地带。规划在历史城区范围内划定2个历史文化街区，在历史城区层面整体划定风貌协调区，为旧县、御城两个历史文化街区的建设控制地带和秀山古建筑群的保护范围以外部分，包括通海古城周边地段、古城与杞麓湖之间的廊道和历史上大桥城的所在。历史城区保护的内容包括秀山风景名胜区保护、山城湖整体格局保护、历史城区城市形态保护。通过重要的空间和视线分析，对历史城区外围的风貌协调区的建设进行控制，通过对山城关系、城湖关系和历史城区周边分别进行分析，从而确定对历史城区外围的建设控制要求。从秀山望古城、古城望秀山、古城望湖对景视线通道的建筑控制，达到对山水湖整体格局进行保护。从地形特征保护、传统肌理形式保护、古城轴线以及城市形态等方面进行控制与保护，以实现对历史城区形态的保护。保护历史街巷所形成的“丁字形主街”的结构，街巷中一部分维持历史走向，但对街巷的宽度和沿街界面发生了较大变化的街巷进行整治，整体尺度不变（图7-39—图7-44）。

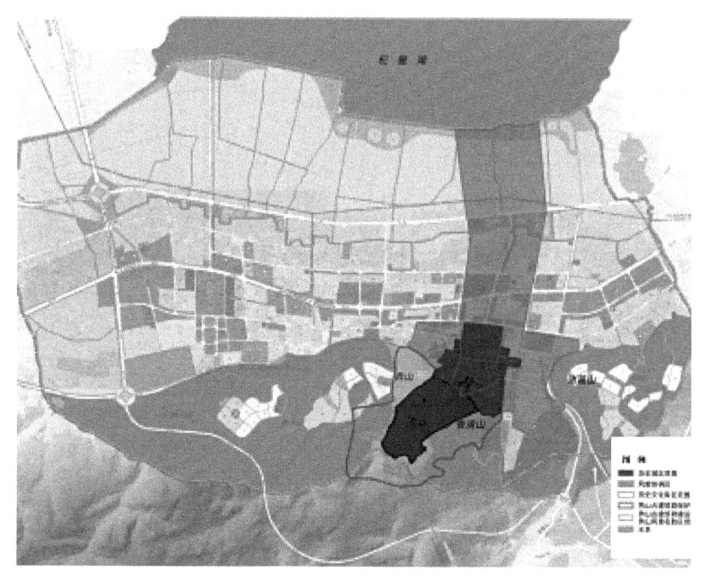

图7-39　通海古城区保护范围

图片来源：《通海历史文化名城保护规划》

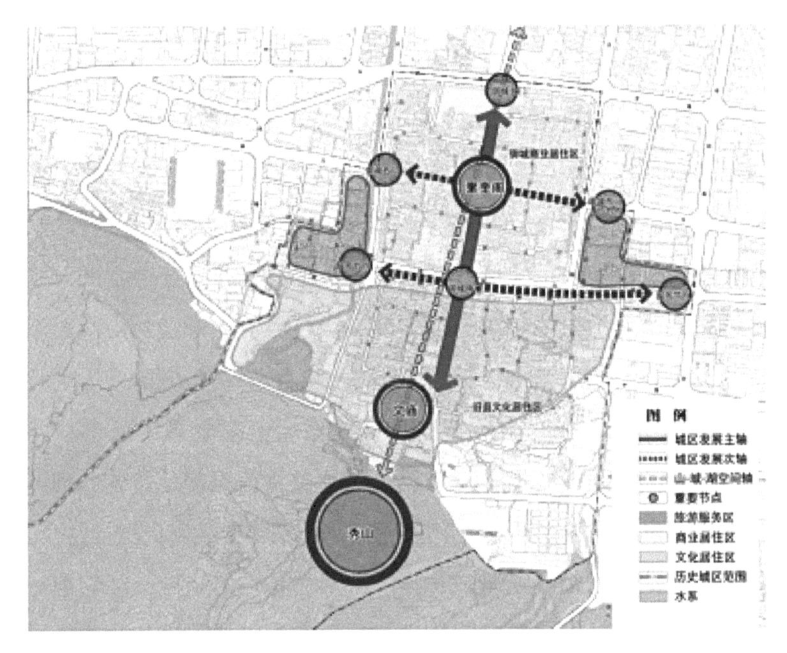

图7-40　历史城区规划结构

图片来源：《通海历史文化名城保护规划》

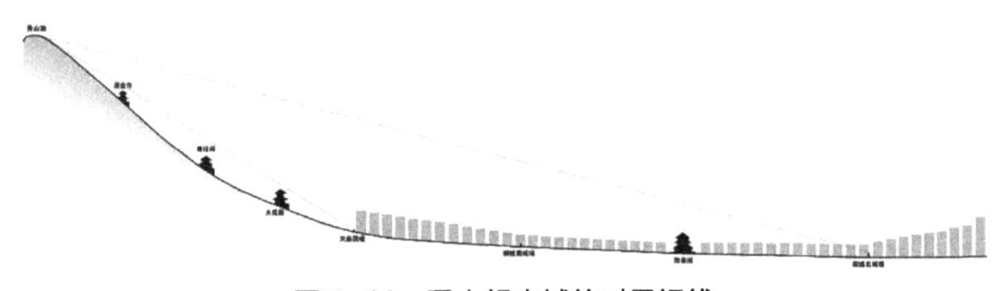

图7-41　秀山望古城的对景视线

图片来源：《通海历史文化名城保护规划》

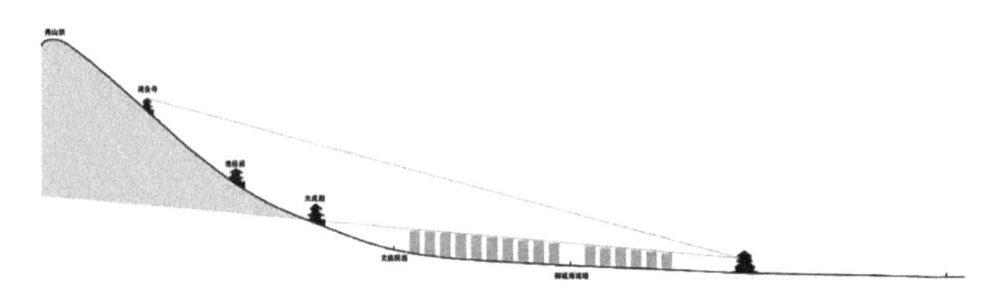

图7-42　古城望秀山的对景视线

图片来源：《通海历史文化名城保护规划》

图7-43　历史城区街巷望秀山

图片来源:《通海历史文化名城保护规划》

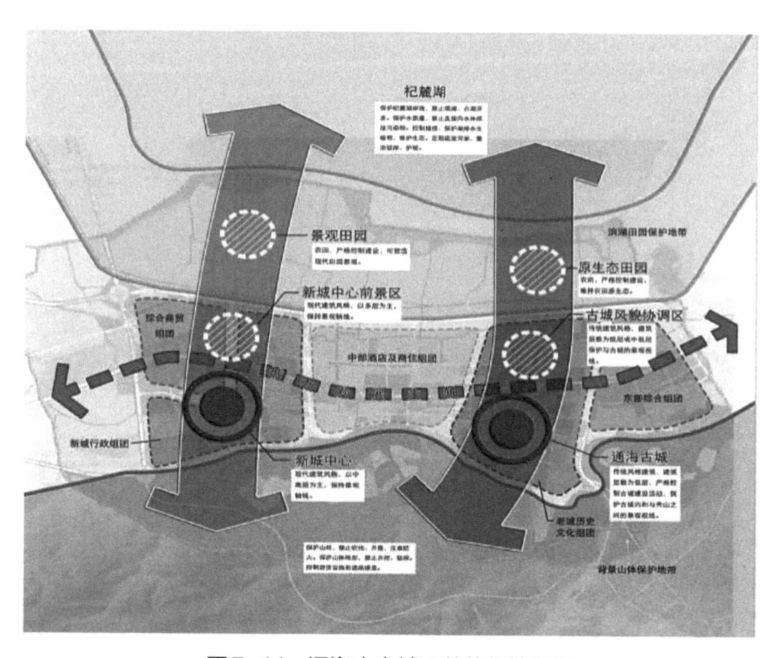

图7-44　通海中心城区整体保护规划

图片来源:《通海历史文化名城保护规划》

7.1.3.5 古城的控制与保护

古城的建设控制主要体现在对城区的整体高度控制，以整体控制、分类控制为原则提出了具体建设控制要求，其中需要控制文物保护单位、历史建筑和传统建筑与其周围建筑的主次关系。历史文化核心保护范围内提出了控制下限来保证立面形态的错落有致，保护区域范围外对重要视线上的建筑进行高度控制。历史文化街区内建筑应当采取通海传统民居风格，包括硬山坡屋顶形式、“葱瓦白墙”色彩，并使用传统风格的店招形式。对风貌协调区的建筑高度、体量、风格、色彩、材料和开放空间提出控制要求，以形成协调的风貌景观（图7-45—图7-47）。

图7-45 历史城区建筑高度控制图（1）

图片来源:《通海历史文化名城保护规划》

7.1.3.6 通海历史文化名城规划实施管理

（1）规划实施管理措施

规划从近期规划实施内容、规划实施保障机制以及修复整治实施三个部分阐述规划的实施管理对策，首先列出需要近期实施的具体项目清

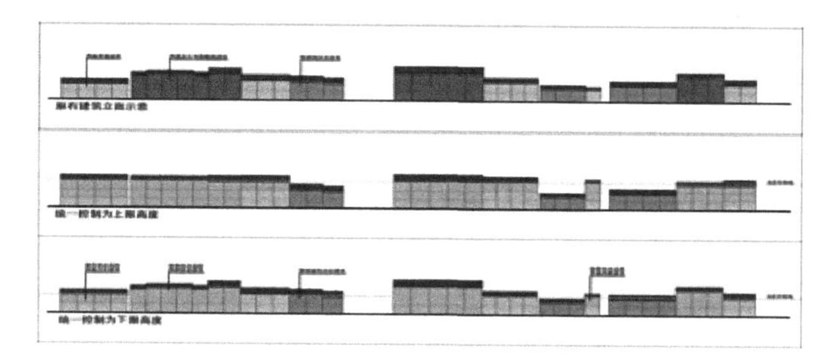

图7-46　历史城区建筑高度控制图（2）

图片来源：《通海历史文化名城保护规划》

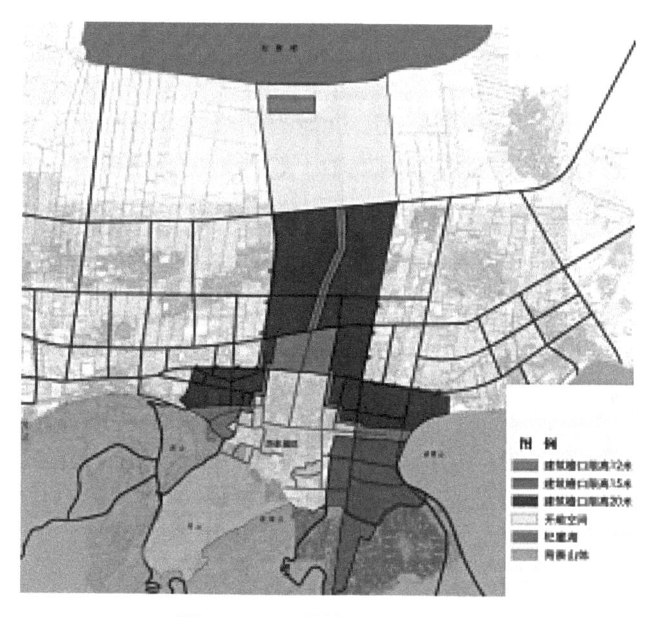

图7-47　风貌协调区高度控制

图片来源：《通海历史文化名城保护规划》

单，其中包括非物质历史文化遗产项目的展示、民族文化博物馆的建设、古建筑的保护、基础设施的建设等方面。其次，完善规划实施保障机制，即完善相应政策法规、建立针对性保护机制、编制保护规划和保障保护资金，以及强化公众参与和社会监督等。最后，修缮整治实施部分提出了修缮的原则，即保留现存的建筑形和建筑结构，延续其时代特征和地域特征，使用当地的建造材料和工艺技术，列出修复整治名录，且对修复具体工程措施进行说明。

（2）保护规划实施进展

保护规划编制以来，通海历史文化名城保存了“秀山峙于南，双湖带于北，城若美人照镜”的基本自然格局。根据编制城市形态和基本山水格局基本保留，紧邻杞麓湖新建用地增长少，现状空间格局基本延续保护规划要求。文保单位的修缮工作从规划实施开始便一直进行。国家级文保单位的修缮工作进展较为顺利，对其他文保单位也有较为明确的补助清单。历史建筑挂牌：通海于2014年公布第一批103处古民居为历史建筑，历史建筑挂牌工作已全部完成。

对景视线通廊的控制效果好，障碍类建筑整治工作基本完成，但拆除工作较难进行，秀山望古城视线轴，遮挡物主要是植物；文星街望秀山，视线景观可见大部分山体；通海县非物质文化遗产名录由18项增加为23项，建立了分级保护制度和保护体系，初步建立了传承保护机制；县文化队现已积极构建较为完善的文化志愿服务体系，并为非遗的传承提供展示和培训的免费开放公共空间（图7-48—图7-50）。

图7-48　历史建筑挂牌保护

图片来源：本研究团队拍摄

图7-49　古城望秀山

图片来源：本研究团队拍摄

图7-50　古城望秀山

图片来源：本研究团队拍摄

（3）现状存在问题与实施建议

保护规划中需整治或拆除建筑自保护规划编制完成后，大多数暂未拆除或整治，对古城建筑高度影响较大，由于这些建筑质量较好，拆除整治工作难度较大。视线空间轴线上的部分建筑存在体量大、风貌异化的情况，对古城视线空间影响较大，例如通海一中教学楼、通印酒店等。历史城区建筑色彩不统一，部分建筑色彩突兀（图7-51—图7-53）。

图7-51　建筑风貌不协调

图片来源：本研究团队拍摄

图7-52　视线轴线上突兀建筑

图片来源：本研究团队拍摄

图7-53　狭窄的街巷空间

图片来源：本研究团队拍摄

截止到2020年，近期保护规划中关于旅游设施发展、旅游入口建设等均未按规划完成。保护规划中在东街入口区域增加旅游接待和服务设施，对相关空间的改造均未完成，东街旅游入口区域规划和建设，因土地问题迟迟不能解决，导致规划实施受限制较大。水井、古树名木、牌坊等历史要素的展示与利用存在不足。目前水井的保护包括院落内部或街区公共空间。公共空间中水井的历史环境破坏严重，院落内部水井保持较好。牌坊、古树名木等历史元素保护较好，但存在开放性不足的问题，部分历史元素空间过于封闭。

实施过程中应提高保护规划中关于历史街巷提升、名城整体形象营造的实施力度，尽快提升历史城区的整体品质。在文化遗产展示利用的具体方面，应深入挖掘历史文化资源特色，加强历史文化遗产的展示利用，还要加强宣传教育，增强居民保护意识，结合检举奖励措施，鼓励居民参与保护与监督的积极性。

7.2 省级历史文化名城

当前，云南共有省级历史文化名城9座（腾冲、威信、保山、广南、石屏、漾濞、孟连、香格里拉、剑川)。以剑川为例，阐述分析省级历史文化名城保护规划的编制、实施和管理。

7.2.1 剑川历史文化名城

7.2.1.1 剑川历史文化名城保护历程

剑川是云南省省级历史文化名城，剑川在1984版总体规划中提出保护旧城(古城)的思路，并提出保护旧城(古城)“脱离古城，建设新城”的建设原则。2001年《剑川古城保护规划》《剑川县城市总体规划修编》由云南省城乡规划设计研究院编制完成，2001版的总体规划中提出了“一城两貌，一古一新”的建设原则，为保护古城和形成独特的城市格局起到了巨大作用。2001版的古城保护规划明确了剑川的文化价值，包括民居建筑和古城布局、宗教信仰与民俗民风、近代历史文化和名人效应，也明确了古城的保护内容。规划以剑川古城为重点提出保护要求，对于古城的总体控制意义重大，规划提出的保护区划影响到了后来的其他规划，对古城及周边的整体保护和控制具有积极意义。

2002年，由瑞士联邦理工大学制定了沙溪复兴规划《寺登古镇保护与发展规划》，并将规划的实施分为三个阶段：第一阶段主要是修复四方街和周围的古建筑；第二阶段是对古镇的环境进行正确的保护，同时确保古镇的稳定发展；第三阶段则是对前面两个阶段的整合，让古镇的整体得到发展。2003年云南省人民政府正式批准，剑川古城被列为省级历史文化名城；同年编制《沙溪历史文化名镇保护与发展规划》。2006年5月25日，西门街明代古建筑群被国务院公布为全国重点文物保护单位。2011年《剑川县城市总体规划(2011-2030年)》编制完成，规划表明历史文化名城的保护是剑川未来城市发展的特色所在和重中之重，且针对历史文化名城的特色，加强了相关名城保护的内容，包括历史名镇、名村、历史建筑等，但对于历史城区、历史文化街区的认识尚不够深入；对于名城历史文化价值和特色的认识还有待于全面的挖掘和提升。2013年发布了《剑川古城保护办法（暂行）》。2021年3月经省人民政府批准，云南省住房和城乡建设厅批复了《剑川历史文化名城保护规划》（云建名〔2021〕44号）。

7.2.1.2 剑川历史文化名城保护原则、目标和保护主题

（1）保护原则

真实性原则：规划严格保护历史遗存的原状，任何建设活动都不得破坏历史的真实性。

完整性原则：规划保护单个的历史遗存，完整保护其周边的历史环境与整体风貌。

合理永续利用原则：以历史文化遗产的妥善保护为前提，发掘和展示历史价值和文化内涵，进行合理、永续的保护性利用。

物质文化遗产和非物质文化遗产保护相结合原则：通过整体保护策略，实现非物质文化遗产、优秀文化传统与非物质文化遗产协同保护。

（2）保护目标

充分发掘剑川的历史文化资源，保护好各历史文化遗产及其历史环境，突出并发扬历史文化名城的价值与特色，尤其是剑川独具特色的传统格局和历史风貌、茶马古道文化、历史文化街区和文物古迹，继承和弘扬地方优秀传统文化。

处理好历史文化遗产保护与城市社会经济发展的关系，通过历史文化名城保护来提升城市的文化内涵和品质，促进剑川经济、社会、环境的可持续发展。建立系统的历史文化名城保护框架，突出名城价值与特色，明确保护内容、保护重点和保护措施，提出合理的历史文化展示利用途径，弘扬地方优秀传统文化。

（3）保护内容

规划从历史文化遗产及其历史环境等方面充分挖掘了剑川历史文化价值和格局特色，有4个方面的历史价值，包括中国白族聚居地和白族文化聚宝盘、云南文明的起源地与见证地、滇藏茶马古道上的重要节点城市（千年重镇、驿站）以及滇西北的历代军事重镇；3个格局特色，包括“大

格局”——依山傍水、“中格局”——白族儒家古城、“小格局”——白族建筑。

规划从保护方法上，建立了历史文化名城、历史文化街区（及历史文化风貌区）和文物保护单位（及历史建筑）三个层次的保护框架。历史文化名城强调整体格局与风貌的保护；历史文化街区（及历史文化风貌区）强调空间尺度、历史风貌和历史街巷的保护；文物保护单位（及历史建筑）强调建筑本体与环境的保护。从地域上，规划包括县域及历史城区两个层次。其中，县域是研究的总体范围，历史城区是规划的重点范围。从形态上，规划保护物质文化遗产和非物质文化遗产，其中物质文化遗产是保护的重点内容；同时对非物质文化遗产提出保护指导建议（图7-54）。

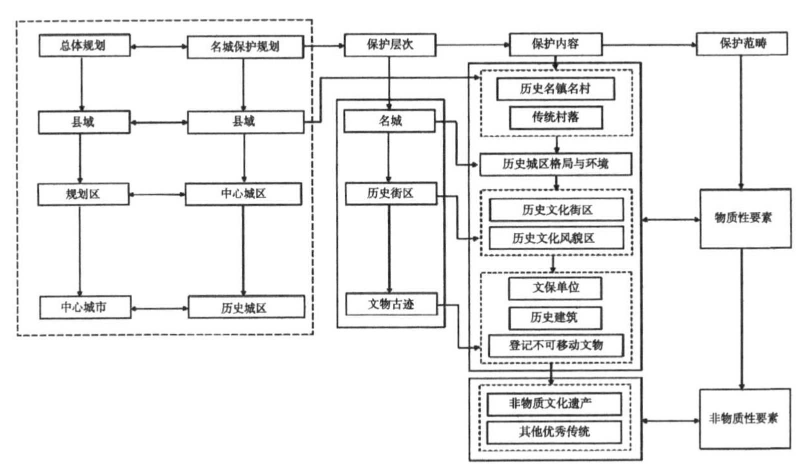

图7-54　保护规划技术框架图

图片来源：《剑川历史文化名城保护规划》

7.2.1.3　剑川历史文化名城县域的整体保护

通过对剑川历史文化的特色和价值的深度分析，提炼出共同构成并影响剑川历史总体格局和历史环境形成的四大要素：剑川白族特色文化、“稻麦复种”农耕文化、历史陆路交通和自然生态景观。历史总体格局上形成了“二区、三线、二点”的格局。

"两区"——历史人文景观区、历史自然与农业景观区。历史人文景观区包括：民族文化特色多样以及文化资源丰富的剑川古城，茶马古道唯一幸存集市以及秦汉时期南丝绸之路上的重要集镇沙溪历史文化名镇；历史自然与农业景观区包括：以石窟雕刻、宗教古建、丹霞地貌和森林景观为主的大理风景名胜区石宝山景区，集生态观光、历史文化展示、科考探险等功能于一体的剑湖省级风景名胜区，国内重要的农耕文化之一"稻麦复种"农耕文化体系。

"三线"——茶马古道文化线路、历史陆路交通线路、乡村民俗文化线路。茶马古道文化线路包括：以传统商业文化旅游为主的茶马古道古城段以及茶马古道沙溪段由古道、照壁、桥梁、寺庙、民居组成的一条文化线路；历史陆路交通线路包括：由国道214线、剑鹤公路、平甸公路组成的南北主轴通道，由剑云公路、剑兰公路组成的东西主轴通道；乡村民俗文化线路包括：老君山镇—马登镇—弥沙乡展现剑川多元民族文化、丰富民俗活动。

"二点"——包括海门口遗址文化、唐宋石窟文化（图7-55）。

规划保护县域范围内以山脉、河湖水系、平坝为主体的自然环境及其构成的生态系统，彰显剑川"面山临湖、山水相依"的地理形胜，重点保护自然环境为剑湖区域、金华山区域两大部分（图7-56）。

在保护修缮文物保护单位和历史建筑、保护与整治历史文化名镇名村的同时，合理展示和利用各类物质和非物质文化遗产，规划对展示利用的原则、展示利用的方式、展示利用的内容、展示路径方面都进行了详细的解释（图7-57）。

7.2.1.4 剑川历史城区保护的空间组织

规划划定的剑川历史城区范围包括景风公园、西门外街、剑川一中、剑川古城及古城外围的传统民居风貌区。且根据功能调整后的居住用地，通过计算对人口的规模进行了限定。剑川历史城区保护的历史格局为"一城（古城）、一片（214国道片区）、一环（古城四周）、三轴（三条历史轴

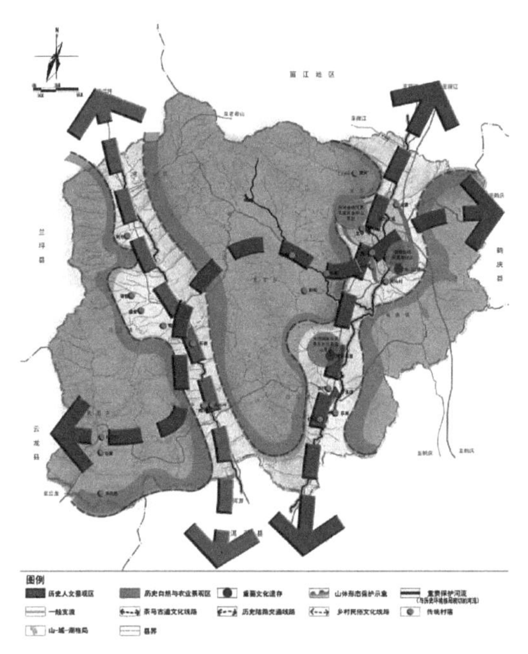

图7-55　县域总体格局与历史环境保护规划

图片来源:《剑川历史文化名城保护规划》

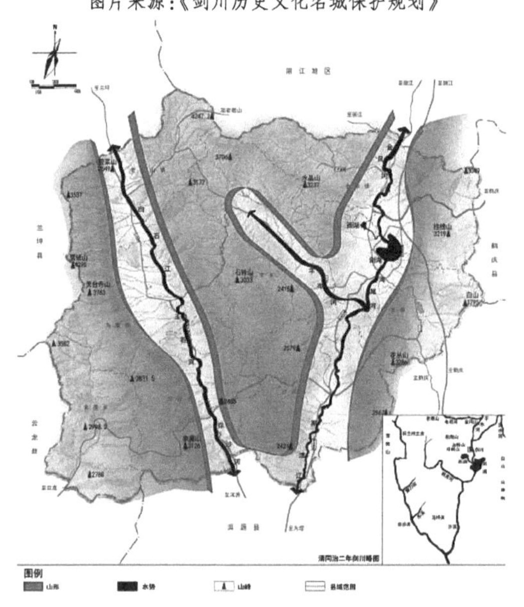

图7-56　县域山水形胜的保护

图片来源:《剑川历史文化名城保护规划》

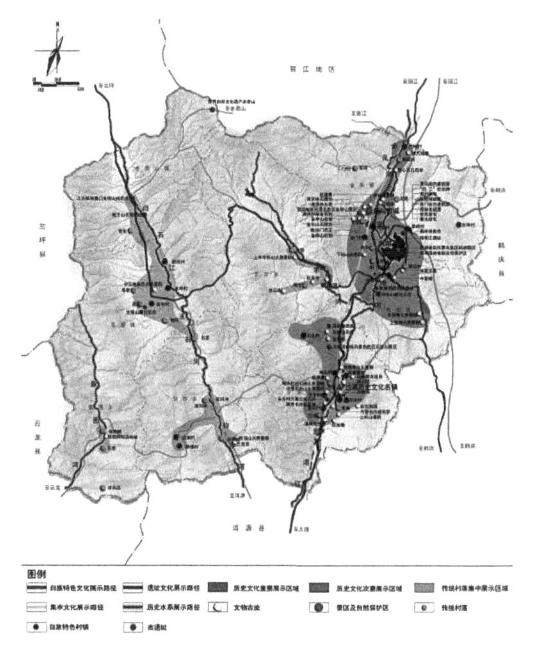

图7-57 县域历史文化遗产展示与利用规划

图片来源:《剑川历史文化名城保护规划》

线)”结构。通过将古城西侧留出田园风光带，将田园景观引入城镇内部，实现对农田保护与城镇景观建设的相互协调。对历史城区东侧已有建设的区域进行建设控制，应秉承“只减不加”的原则。通过对地形特征、城址轮廓、城垣遗存以及军事空间格局等进行保护，以确保空间组织的历史文化内涵(图7-58)。

7.2.1.5 古城的控制与保护

古城的控制与保护主要是将历史城区内的街巷分为保护街巷和整治街，对其走向、宽度、空间尺度、两侧界面风貌、相关历史信息等进行保护，对街巷的贴线率、界面连续性进行要求，禁止道路改线或者拓宽以及对停车进行布点(图7-59)。

根据现状实际情况，充分考虑古城的历史真实性、街道完整性和景观视觉效果，划出符合环境保护规定、反映环境特色、界线明确、便于实

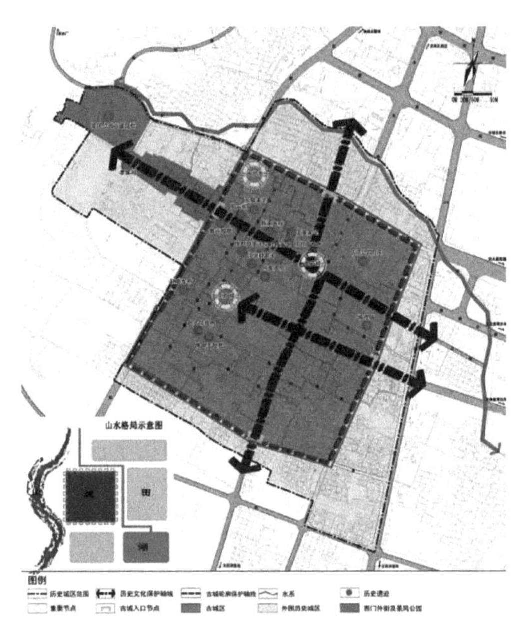

图7-58　剑川古城区保护结构图

图片来源:《剑川历史文化名城保护规划》

图7-59　剑川历史城区道路系统保护规划

图片来源:《剑川历史文化名城保护规划》

施和管理的范围，并按照规划内容，确定核心保护区、建设控制区、环境协调区。规划分别对三个保护分区进行分级控制和采取维护、修复和重建等相应的保护措施，且进行了相应的高度控制，确保建筑之间主次关系、视廊通畅；对古城功能调整置换与历史文化保护存在冲突的功能，并增加有助于未来发展的新功能（图7-60—图7-62）。

7.2.1.6 剑川历史文化名城规划实施管理

（1）规划实施管理措施

规划从近期规划实施内容、规划实施保障机制以及修缮整治实施三个部分阐述规划的实施管理对策，首先列出需要近期实施的具体项目清单，其中包括非物质历史文化遗产项目的展示、民族文化博物馆的建设、古建筑的保护、基础设施的建设等方面。将政策法规的完善、保护机制的建立、保护规划的编制、保护资金的保障以及公众参与和社会监督作为规划实施的保障机制。修缮整治实施部分提出了修缮的原则：保存原来的

图7-60 剑川历史城区保护区划

图片来源：《剑川历史文化名城保护规划》

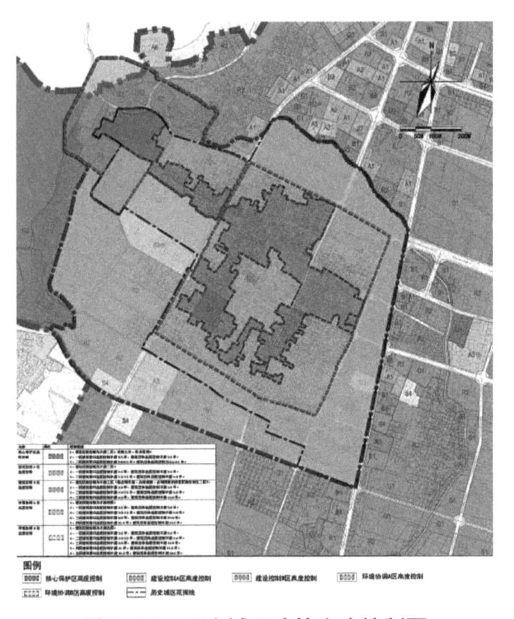

图7-61　历史城区建筑高度控制图

图片来源:《剑川历史文化名城保护规划》

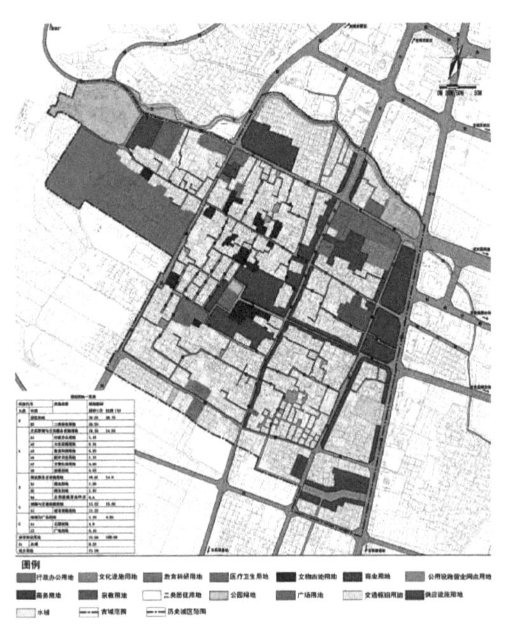

图7-62　剑川土地使用调整规划图

图片来源:《剑川历史文化名城保护规划》

建筑形制、保存原来的建筑结构、时代特征以及区域特征、使用原来的材料和工艺技术。列出修复整治名录，且对修复具体工程措施进行说明。

（2）保护规划实施进展

《剑川历史文化名城保护规划》（云建名〔2021〕44号）在2021年3月经省人民政府批准云南省住房和城乡建设厅批复。该规划由云南省城乡规划设计研究院与市政设计分院自2014年开始编制，历时近7年，分别于2015年9月、12月及2020年7月通过州、省级层面技术审查会。批复同意规划中确定的历史城区、历史文化街区保护范围，并对空间组织与控制保护提出了要求。

截至2020年剑川县有各级文物保护单位62个，还有保护得好上加好的世界优秀建筑遗产沙溪寺登街区域、国家级历史文化名镇沙溪古镇、省级历史文化名城剑川古城、石钟山石窟及岩画、沙溪兴教寺、剑川古城西门街古建筑群、景风阁古建筑群、海门口文化遗址等。全县收藏可移动文物17072件，县文管所珍藏文物3700多件，其中国家二、三级文物200多件，全县文物登记保护点达252个，这些无不刻印着前人的智慧结晶和艺术成就。2017年剑川县历史文化博物馆建设项目开工，该项目担负着带动区域经济发展和人文力量复苏的重任，对剑川发展具有不可估量的推动作用（图7-63—图7-65）。

图7-63　剑川历史文化博物馆

图片来源：https://p8.itc.cn/q_70/images03/20210403/419cc2565e7b4454bfa8ce670b284eaf.jpeg

图7-64　剑川甲马驿站

图片来源：http://img.mp.itc.cn/upload/20161026/cb201f665c044f638bcd8bc6bb3454cb_th.JPG

图7-65　剑川国家方志馆南方丝绸之路分馆

图片来源：https://nimg.ws.126.net/?url=http%3A%2F%2Fdingyue.ws.126.net%2F2022%2F0531%2Fdba0c92ej00rcpj7h001rd000hs00bup.jpg&thumbnail=660x2147483647&quality=80&type=jpg

（3）现状存在问题与规划实施建议

剑川设立了古城管理委员会，其所获授权目前较少，同时其管理范围为古城内，对于古城内外的协调也无能为力。管理体制的条块分割会造成保护规划与实施环节不切合的情况。非物质文化遗产保护方式需进一步探索，剑川是非物质文化遗产大县，随着交流方式的多样化和信息技术的快速发展，很多非物质文化遗产项目濒临消失，缺乏新一代文化继承人。因此，只有不断推进古城的保护、修复工作，才能加快剑川升级为国家级历史文化名城的步伐。

本章小结

本章主要通过几个重点历史文化名城/镇的保护规划编制资料介绍，综述云南历史城镇的保护规划编制与实施管理现状、特点及所遇到的问题。各城镇均分别选取了多篇期刊文章以及现行规划资料进行整理和总结。其中，在昆明市历史文化名城的保护规划实施中，列举昆明文化名城现存问题以及保护原则，之后以古城山水格局为重点，阐述保护规划的主要内容。

值得一提的是，通海县经过不断健全保护机制、完善保护规划，积极推进历史文化名城申报工作，于2021年3月由省级历史文化名城提升为国家级历史文化名城。与通海县一样，剑川县正在持续推进国家级历史文化名城的申报工作。这既是申报的过程，也是保护的过程。其他历史古城/古镇也应积极开展保护和申报工作，协调经济建设与文化遗产保护的关系，才能让更多民众享受历史文化名城的保护成果。

思考题

1. 请结合具体案例，简要阐述国家级历史文化名城/镇的保护规划编制内容。
2. 请结合具体案例，简要阐述省级历史文化名城/镇的保护规划的实施管理。

第八章
历史城镇的旅游发展及云南实践

本章内容重点：历史城镇旅游建设与发展，云南历史城镇旅游开发实践历程及主要模式。

本章教学要求：理解和掌握历史城镇旅游开发的概念，正确认识历史城镇保护与旅游开发的关系；了解我国历史城镇旅游发展的主要阶段，以及历史城镇旅游资源的合理利用方式；了解云南历史城镇旅游发展历程及典型开发模式。

8.1 历史城镇旅游建设与发展总概

8.1.1 历史城镇旅游开发及其意义

8.1.1.1 历史城镇旅游开发的基本概念

（1）旅游开发

旅游开发一般是指为发挥、提升旅游资源对游客的吸引力，使得潜在的旅游资源优势转化成为现实的经济效益，并使旅游活动得以实现的技术经济行为。旅游开发的实质，是以旅游资源为基础，通过一定形式的挖掘、加工，达到满足旅游者的各种需求，实现旅游资源经济、社会和生态价值的目的。

（2）历史城镇旅游开发

历史城镇旅游开发是指以历史城镇为依托，主要以历史城镇丰富的

人文景观为吸引要素而发展起来的一种独特的旅游开发方式。在历史城镇的旅游开发过程中，要辩证地看待发展旅游所带来的多方面影响，通过研判取舍和动态调控，科学绘就旅游发展蓝图，在保护的基础上谋求历史城镇社会效益、经济效益和环境效益的平衡，达到保护与开发的互促共赢。

8.1.1.2 历史城镇发展旅游的积极影响

历史城镇因其特有的文化价值和社会价值而承担着传承历史文化、教化民众的责任，有着重要的社会功能。因此，对历史城镇来说，如何合理使用和管理其特殊资源，实现历史城镇的经济、社会、文化和环境的可持续发展尤为重要。

历史城镇发展旅游，可以增进与其他地区之间的文化交流，提升地方文物古迹的修缮与利用水平，促进历史城镇传统文化的保护与传承，增强文化自豪感和民族自信心。发展旅游对历史城镇的积极作用主要体现在环境影响、经济影响及社会文化影响三个方面。

(1) 环境影响

历史城镇的环境包括自然环境与人文环境，随着历史城镇旅游资源的开发和旅游活动的开展，历史城镇的环境也会随之发生变化。

第一，促进历史城镇山水格局、城镇形态、历史建筑及传统风貌的保护。一方面，历史城镇的产生与发展，离不开所处的山水环境。历史城镇与其所处的环境不可分割，在历史城镇的旅游发展过程中，保护好其所依托的山水环境已成为普遍共识；另一方面，历史城镇中的古迹遗址及历史建筑对游客有强烈的吸引力，伴随旅游活动的开展，历史城镇的文化遗产将获得更有效的保护。

第二，促进历史城镇人居环境与公共设施的改善。随着旅游业的发展，城镇中与旅游接待相关的基础设施和环境建设不断完善，当地居民的生活条件也随之改善，包括公园绿地、休闲广场等城市开放空间的数量和质量逐步提升，历史城镇居民与外来游客共享便利设施和美好环境。

第三，促进历史城镇生态环境水平的提高。旅游发展离不开人与自

然相协调和可持续的生态环境，历史城镇周边的公园、自然保护区和风景名胜区也往往是游客乐于前往的旅游景区，旅游发展也可以促进当地自然生态景区的保护和管理水平的提高。

（2）经济影响

历史城镇发展旅游，既可以为其带来直观的经济效益，还可以通过带动第三产业的发展来优化历史城镇的产业结构。一方面旅游业的产业链长、产业关联度大，旅游业又易于与其他产业相融合，完全可以通过“旅游+”或“+旅游”的模式带动和促进其他相关行业的发展；另一方面，旅游业本身属于就业成本较小的劳动密集型服务行业，且旅游服务从业岗位层次较多，因而旅游业的发展还能够显著增加就业机会。可见，历史城镇的旅游建设与发展可以为地方带来较为显著的经济效益（图8-1）。

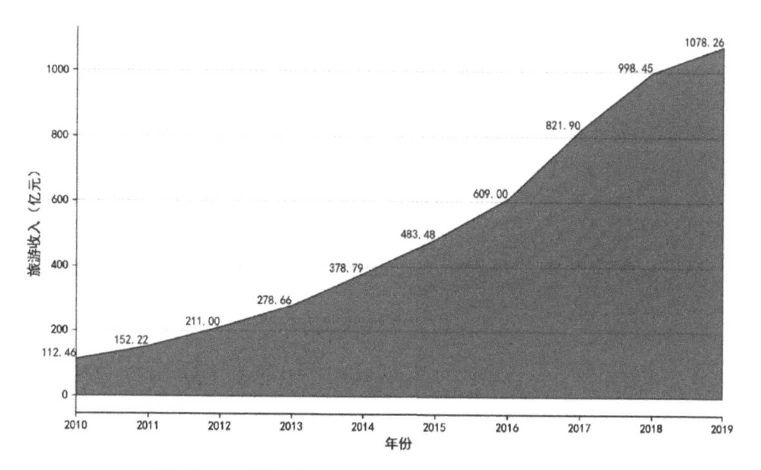

图8-1　丽江市2010-2019年旅游收入变化图

资料来源：丽江市人民政府网站

（3）社会文化影响

在历史城镇的旅游活动中，来自世界不同国家、不同地区、不同民族和不同文化背景的游客在此相互接触，这些游客与历史城镇原住民以及游客与游客之间的交流互动，对历史城镇的社会文化发展有着不可忽视的影响，主要体现在：

第一，有助于提高居民的文化素质和修养。旅游活动的开展有助于人们促进身心健康，开阔眼界，增长知识，培养人们的爱国主义情感。

第二，促进当地民族文化的保护和发展。随着旅游业的发展，地方传统文化活动得到恢复，传统民间手工艺得到传承，传统的音乐、舞蹈、戏剧也受到进一步的重视和发扬。

第三，增加地区间的文化交流，丰富本土文化生命力。一方面，不同国家和地区、不同民族间的交往，有助于增进相互了解，消除偏见；另一方面，历史城镇的传统文化作为开放的文化生态系统与外界文化进行信息与能量的交换，可以汲取其他文化的精髓，丰富和提高本土文化的内容和形式，增强其生命力。

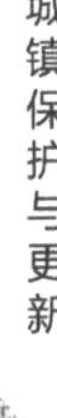

8.1.2 正确认识历史城镇保护与旅游开发的关系

8.1.2.1 保护为本，适度开发

（1）以历史文化遗产保护为基础

历史城镇本身是一个复杂的旅游资源集合体，其核心是所拥有的历史文化内涵。在历史城镇的旅游开发中，如果对这些历史文化资源保护不利，将直接导致历史城镇的旅游成为无源之水、无本之木，而且历史城镇的旅游资源大多属于不可再生资源，一旦破坏便不可逆转，因此，在历史城镇旅游开发过程中，应将历史城镇整体作为特殊的旅游资源置于核心位置，多层次、多方位地加以保护，尽力维护历史城镇的真实性和完整性，延续相关历史环境，确保不损害历史城镇原有的历史价值、科学价值和艺术价值。

也就是说，历史城镇旅游开发要做到全面保护与局部开发相统一、近期建设与远景目标相平衡、遗产保护利用管理措施与旅游景观建造技术相结合，始终坚守历史文化遗产保护这一根本。

（2）适度的旅游开发有利于历史城镇的发展

虽然我们强调“保护为本”，但历史城镇的旅游开发与遗产保护并非对立的理念已成为共识。多年来，业界不断总结经验，提高文物保护、历史城镇保护、历史街区保护的理论认识和实践水平。许多城镇已实现从“旧城改造”到“整治旧城”，再发展到“激活旧城”的一系列基于理论认知基础上的实践转变。事实证明，旅游开发活动可以扩大历史城镇的影响力，提升其经济实力，使历史城镇焕发出新的魅力。

（3）规避过度商业化的不利影响

旅游开发过程中的过度商业化会对历史城镇带来一系列消极影响。譬如，传统文化受到外来冲击、传统文化艺术商品的媚俗化、雷同化，文化遗迹遭到破坏甚至损毁等现象时有发生。同时，如果历史城镇中涌入过量的外来游客和外地经营者，还容易导致居民原有的生产生活空间逐渐被侵占，打破当地原有的恬静生活氛围。而且伴随市场需要，当地居民难免会向游客和外来旅游经营者出租或出售房屋，导致原住民陆续外迁，而失去了原住民的历史城镇往往容易变成缺乏活态文化传承的虚壳，必定难以良性发展。所以，历史城镇旅游开发中的过度商业化存在诸多弊端，在实践中必须予以规避。

8.1.2.2 分类控制，科学利用

历史城镇合理适度地进行旅游开发，是对历史城镇科学保护与利用的一种方式。但是有些历史城镇并不适合发展常规性旅游，应进行分类控制和引导。

第一类是指不适合发展大众旅游的。如以考古、科研价值为主的遗址类历史城镇，或者是濒危的文化遗产，应该以绝对保护为首，不应轻易开发。

第二类是指不具备条件发展大众旅游的。这类历史城镇或缺乏旅游核心竞争力，无法吸引大量的旅游者；或不具备区位交通条件和基本旅游承载能力，如果盲目进行旅游开发，不仅难以达到预期效果，甚至有可能因过度举债而对地方经济造成负担。对于这类城镇，在条件成熟前至少应该暂缓开发。

第三类是指适宜发展大众旅游的历史城镇。此类城镇旅游资源丰富，特色鲜明，历史价值、艺术价值相对较高，能对旅游者产生吸引力。对于这类城镇，需要我们在旅游开发中特别重视遗产保护并科学控制开发强度，避免对历史城镇的优质资源造成破坏。

8.1.2.3 坚持可持续发展原则

可持续发展思想是建立在社会、经济、人口、资源、环境相互协调和共同发展的认识基础之上的，其宗旨是既能相对满足当代人的需求，又不对后代人的发展构成危害。可持续发展思想是人类发展过程中具有里程碑意义的战略思想。

对历史城镇旅游资源的开发，必须将科学保护和合理利用相结合，这也是历史城镇旅游可持续发展的前提和基础。历史城镇的旅游开发建设必须把握好保护资源环境与促进地方经济发展之间的平衡；历史城镇保护和旅游开发的持续顺利推进，必须遵循可持续发展原则，达到历史城镇保护和旅游发展的统一。

8.1.3 我国历史城镇旅游发展的主要阶段

自20世纪80年代以来，我国历史城镇的旅游发展总体经历了以下三个阶段：

8.1.3.1 以观光旅游为代表的起步阶段

20世纪80年代，随着古镇观光旅游的萌芽，一些知名度较高的文物古迹保护与修缮首先得到重视，历史城镇中那些历史建筑相对集中的传统风貌街区成了古镇旅游的集中承载地；之后，伴随旅游的发展，历史资源核心区外围的其他历史环境要素也逐步得到保护，基础设施配套日趋完善，古镇旅游的整体景观品质和旅游舒适度获得综合提升，历史城镇也逐步成为更系统化、更成熟的旅游目的地。

8.1.3.2 热潮反思和理性调控阶段

2000年以后，随着旅游人潮的涌入，古镇的静谧被打破，传统风貌

街区被过度商业化开发，游客摩肩接踵，古镇原有的生态环境不堪重负。在这一阶段，业界认识到集中过度的开发模式虽然能够带来较大的经济利益，但走马观花式的旅游模式是不可持续的。部分历史城镇针对过度商业化的状态，逐步调整优化商业业态，控制不适宜古镇历史文化氛围的商业项目，培育符合历史文化内涵保护并利于古镇可持续发展的新业态。

8.1.3.3 品质提升与注重文化体验阶段

在新的历史时期，传统、单一的旅游模式已不能满足市场的需求，历史城镇的旅游发展不再仅关注速度，而是以文化保护为前提，重视游客的文化体验，增设体验型旅游活动，提升历史城镇旅游的文化内涵，突出其独特的人文魅力；坚持历史城镇主体保护、人文保护与生态保护相结合，整体规划与分区分级规划相结合，城镇特色保护与旅游多样化开发相结合，进一步深化保护与开发相平衡的科学认识。

近年来，愈来愈多的历史城镇在旅游景观建设中主动运用科技新成果，依托地域文化特色，利用声、光、电等智慧科技手段，以沉浸式夜游、VR体验、数字体验展馆、多维体验剧等方式实现技术与文化的融合，满足游客多元化的旅游体验要求，塑造旅游地独特的旅游形象（图8-2）。面向未来，着力为游客提供高品质、高层次、更丰富的文化体验，已成为历史城镇旅游建设与发展的新趋势。

图8-2 第七届乌镇戏剧节海报

资料来源：浙江即时报 httpjs.zjol.com.cn

8.2 历史城镇旅游资源开发与利用

8.2.1 处理好旅游规划与其他相关规划的关系

旅游业规划是在综合区域规划以及相关行业规划的基础上做出对旅游业发展的综合性的行业规划；旅游资源开发规划是对旅游资源进行开发建设、经营管理、科学编排，以提供满足市场需求的旅游产品必不可少的科学依据，是帮助旅游业实现社会、环境、经济三大效益，实现旅游资源可持续利用的良性循环的行动指南。

旅游规划与上述两项规划关系密切，在国务院2003年颁布的《旅游规划通则》中将旅游规划的定义分为两类：第一类，旅游发展规划是根据旅游业的历史、现状和市场要素的变化所制定的目标体系，以及为实现目标体系在特定的发展条件下对旅游发展的要素所做的安排；第二类，旅游区规划是指为了保护、开发、利用和经营管理旅游区，使其发挥多种功能和作用而进行的各项旅游要素的统筹部署和具体安排。

旅游开发涉及旅游地山水骨架的规划和旅游区域交通，也涵盖住宿、餐饮、地方农副业的发展、文化交流活动、经济活动以及对当地生态环境的保护等，具有区域社会综合性特点。旅游规划编制要以国家和地区社会经济发展战略为依据，以旅游业发展方针、政策及法规为基础，与城市总体规划、土地利用规划相适应，与其他相关规划相协调。

在旅游规划实践中，旅游区规划按规划层次分为总体规划、控制性详细规划、修建性详细规划等。一般情况下，下一层级的旅游规划应符合上一层级旅游规划所提出的要求，具体规划成果在侧重点和深度等方面还应符合国家和地方的相关规定。

对于历史城镇的旅游规划，不但需要充分调查分析当地的资源禀赋，做好基于保护基础上的开发利用规划，还需要树立全面系统的规划思想，确保旅游规划成果的规范性及实效性。

8.2.2 历史城镇旅游资源

旅游资源是一种极为特殊的资源，既具备其他资源的共性，也具备自己独有的特性。旅游资源的开发利用相较其他资源的开发利用，具有不同的特点。2003年颁布的《旅游规划通则》中关于旅游资源的定义是：自然界和人类社会凡能对旅游者产生吸引力，可以为旅游业开发利用，并可产生经济效益、社会效益和环境效益的各种事物和因素。

根据资源的属性，旅游资源一般分为自然旅游资源和人文旅游资源两大类（即旅游资源的两分法）。其中，自然旅游资源是指使人们产生美感的自然环境或互相的地域组合；人文旅游资源是古今人类社会活动、文化成就、艺术结晶和科技创造的记录和轨迹。2003年由国家质量监督检验检疫总局颁布的《旅游资源分类调查与评价》中的分类方案即采取上述两分法对旅游资源进行分类。

历史城镇的旅游资源多以人文旅游资源为主，包含物质文化旅游资源和非物质文化旅游资源两大类。其中，物质文化旅游资源主要包括历史遗迹、建筑设施、古典园林、传统风貌、风物特产等；非物质文化旅游资源主要包括民俗风情、宗教文化、文学艺术等。

除了上述人文旅游资源以外，历史城镇所处的山水环境等自然生态环境，往往与历史城镇的人文资源相辅相成、相互依存，这些自然资源是历史城镇赖以生存和发展演变的基础，理应受到保护；对于那些具有旅游吸引力或具备旅游资源潜力的自然资源，我们在旅游规划调查时要与人文旅游资源联系起来，一并进行分析研究。

8.2.3 历史城镇旅游资源的科学合理利用

8.2.3.1 物质文化旅游资源的开发利用方式

（1）博览鉴赏式

主要指以参观游览文物古迹、历史建筑为主的物质文化旅游资源的

利用方式。历史城镇经过长期的发展演变，往往保存有若干承载其历史特征和传统记忆的文物古迹及历史建筑，它们集中体现了特定历史时期的文化烙印，折射出久远年代的社会文化、生活方式、工艺水平乃至精神信仰，是人类发展过程中的宝贵财富。游客通过对这些文物古迹的博览鉴赏，能够学习和了解历史城镇的文化瑰宝，扩展自身的知识面，开拓文化视野。

（2）观览体验式

主要指以传统街巷空间为代表的物质文化旅游资源的利用方式。街巷空间是城镇公共生活的重要场所，历史城镇独特的街道空间结构往往伴随生活需要逐渐演变而成。街巷空间在地形因借、高差处理、线路迂回和景观变化上展示出历史城镇的文化积淀和特色风貌。亲切宜人的空间尺度和环境氛围，对景、框景、组景等手法的穿插运用，形成了丰富的景深和层次。传统街巷的这些特征，既是其文化价值所在，也是历史城镇旅游开发建设的重要吸引物。

（3）功能转型式

主要指以民居院落为代表的物质文化旅游资源的利用方式。历史城镇中的传统民居经历长期的演化发展，不断地满足人们的生活功能需要；在不同的地理环境、自然条件、民族文化、生活习惯等因素的综合作用下，形成了多姿多彩、迥然不同的民居格局与形态；传统民居的建筑风格、建筑材料和建造技术充分展现出当地能工巧匠的传统营造智慧。在历史城镇的旅游开发中，传统民居院落往往成为游客青睐的休憩住宿场所，部分传统民居改造为客栈、民宿和特色餐饮空间，通过功能转换，成为颇具特色的旅游接待设施。

8.2.3.2 非物质文化旅游资源的开发利用方式

历史城镇的非物质文化遗产是优质的旅游资源，而历史城镇旅游是传播非遗的重要渠道，两者融合发展有着广阔前景。非遗旅游项目的开发可进一步增强历史城镇的旅游吸引力，促进旅游业更好发展；同时，旅游活动又可提高非遗的可见度和影响力，能更好地促进非遗的传播和活态

保护。因此，历史城镇非物质文化资源与旅游深度融合既有利于旅游发展，也有利于非物质文化遗产的保护、传承与发展。可以说，“非遗+旅游”为历史城镇的旅游体验注入了新的内涵。

（1）展览观演式

随着游客对非物质文化旅游产品的日趋热爱，历史城镇也相继开发建设了多种类型的非遗展示场馆、非遗演艺剧场等项目。它们有的以当地代表性的非遗名录、门类为主题，有的则以特定民族文化为主题，对当地非遗资源予以汇聚展示、表演。这些非遗主题场馆或以产业开发项目的形式建设运营，在实现经营性目的的同时兼顾地方文化的弘扬；或以社会公益项目的形式承担文化宣传及公共服务职能，并通过社会化运营等手段提升效益。

（2）参与互动式

节事旅游，是指以节日、盛事等的庆祝和举办为核心吸引力的一类旅游形式，可分为传统节事与现代节事两大类。其中传统节事多属于非物质文化遗产范畴，可开发为非遗节事旅游。在我国，与节事相关的民俗类非遗资源非常丰富，包括传统节日、民族节日、祭典仪式、庙会书会、灯会花会等民俗活动。这些家喻户晓的地方传统节庆民俗活动，是历史城镇旅游市场中重要的周期性吸引要素。

（3）文创体验式

非物质文化遗产的文创产品开发，是针对非物质文化遗产项目进行文化衍生品或文化创意产品的设计与经营，使用现代、创意、艺术的表达手法来对文化遗产进行传承。“非遗文创化”是非物质文化遗产和文化创意产业结合发展过程中产生的新兴文化态势，是对非遗的创造性转化与创新性发展。非遗文创概念中的“文化创意”是建立在非遗文化保护传承基础之上的、符合时代精神内涵的文化创作。

随着历史城镇传统工艺振兴计划、非遗工坊体系建设、非遗产品创意研发营销等工作的推进，文创工艺坊、文创市集、文创街区等如雨后春

笋般涌现，非遗体验、非遗购物、非遗研学等助力历史城镇旅游内涵的提升。将非遗文化元素融入旅游发展，既能提升历史城镇的文化品位，也有利于在旅游发展中保护和传承非遗。

8.3 云南历史城镇旅游发展的实践历程

改革开放以来，历届云南省委、省政府高度重视旅游业的发展，充分发挥云南省得天独厚的旅游资源优势，全面实施政府主导型战略，着力发展和培育旅游产业。云南旅游业经历了从“接待事业型”到“一般产业型”，再到“支柱产业型”的转变升级过程，实现了从无到有、从小到大的历史性飞跃。伴随着云南旅游的不断发展，历史城镇的旅游建设也不断完善。

8.3.1 云南历史城镇旅游的起步建设

8.3.1.1 萌芽起步阶段

20世纪70年代末至80年代末，是云南省旅游业的起步发展阶段。1978年云南省旅行游览事业局成立，标志着云南开始积极推动旅游业的发展。云南省也是全国最早的旅游开发地区之一。这一阶段的旅游业主要表现为单一的事业型接待服务，云南的旅游目的地以昆明和大理为主，当时的大理古城作为云南较为知名的历史城镇，也成为我国最早开发旅游的历史城镇之一。

8.3.1.2 初步建设阶段

20世纪80年代末至90年代中期，是云南旅游开发的快速发展阶段，旅游业实现了从事业型向产业型的转变。在云南旅游快速发展时期，除大理古城外的其他历史城镇也逐渐崭露头角，其中又以丽江大研古城的旅游开发最为瞩目。

8.3.2 云南历史城镇旅游的成熟优化

8.3.2.1 快速成熟期

20世纪90年代中期以后的10年，云南旅游进入了快速发展阶段，也是云南历史城镇旅游的发展成熟时期。除了大理、丽江等早期历史城镇旅游地以外，又陆续涌现出一些知名度较高的历史城镇旅游目的地，如建水古城、和顺古镇及束河古镇等。

8.3.2.2 优化调整期

2006年，面对周边省市区旅游产业的快速发展和日趋激烈的海内外旅游市场的竞争，云南省提出了“云南旅游二次创业”这一旅游产业发展的重大决策，推动全省旅游产品的升级换代和旅游产业结构优化调整。这些政策支撑和促进了云南历史城镇旅游的转型升级，部分历史城镇旅游从过去单一的观光型积极向观光型和休闲度假型相复合的旅游模式转变。

8.3.3 新时期云南历史城镇旅游高质量发展的新要求

作为旅游大省，旅游产业多年来在云南经济社会发展中具有重要的地位。在新的历史时期，随着全域旅游、大众旅游时代的到来，面对国内外旅游市场竞争日趋激烈的态势，云南省决定以更大的决心、更硬的措施、更严的标准，对传统的发展理念、发展方式和发展模式进行变革和创新，全力推动云南旅游产业转型升级和高质量发展。

在新的历史时期，面向云南从旅游大省向旅游强省转变的新要求，云南历史城镇旅游将与其他旅游地一起，不断开拓创新，再创云南旅游新高度。

8.4 云南历史城镇旅游开发模式及典型案例

8.4.1 政府主导模式与“丽江古城”

地方政府对历史城镇旅游开发进行宏观管理，开发资金的投入主要依赖地方财政，公共设施的投入引入相关的市场机制，对游客收取“古城保护费”等相关费用。丽江古城旅游开发属于这种政府主导模式的代表。

联合国教科文组织亚太地区文化遗产管理第五届年会，将丽江古城文化遗产保护与文化旅游产业融合发展、良性互动的运作模式称为“丽江模式”，认为“丽江模式”为世界文化遗产管理与旅游业开发提供了典范，“丽江模式”是中国乃至亚太地区世界文化遗产管理的成功范例。

丽江古城在遗产地保护与旅游开发协调发展方面取得了可贵成绩。短短10年，丽江从一个鲜为人知的小城发展成为在海内外享有较高知名度的旅游胜地，并成为“世界上最令人向往的旅游目的地”之一，开创性地创造出民族文化与经济对接的“丽江现象”。丽江古城是纳西族人民的骄傲，也是人类文明的瑰宝。丽江古城不愧为我国历史城镇保护和旅游资源合理开发利用的成功代表。

8.4.2 经营权出让模式与“和顺古镇”

地方政府通过出让旅游开发经营权的方式，吸引投资方介入历史城镇旅游开发，并由投资方根据自身优势，结合市场需要对外融资，分期、分步完成历史城镇旅游开发进程。同时，政府只在行业宏观层面上对投资方、开发方进行管理，此模式的代表是腾冲和顺古镇。和顺古镇的旅游开发起于21世纪初，当时是由相关企业通过经营权转让的方式获得和顺古镇数十年的经营权，对和顺古镇旅游资源进行统一开发；政府方面，则成立和顺镇古镇管理办公室，全面负责古镇保护管理工作，包括古镇风貌保护、交通秩序、市场维护和环境卫生，还为企业提供政策、资源、服务等一条龙服务。

和顺古镇是云南著名的侨乡、国家4A级旅游景区。和顺古镇位于腾冲市区西南4千米处，是南方丝绸古道上的商贸名镇、文化名镇和旅游名镇。有着600多年历史的和顺，文化底蕴深厚，自然风光秀美，古建星罗棋布。“和顺”有中国乡村最大的图书馆——和顺图书馆，是一代哲人艾思奇的故里。和顺古镇先后获得中国第一魅力名镇、中国历史文化名镇、国家环境优美乡镇、国家文化产业示范基地等殊荣。

8.4.3 政府主导的项目公司模式与“束河古镇”

政府主导的项目公司模式是指由政府成立相应的旅游开发项目公司，政府财政划拨及融资所获得的资金用于古镇旅游项目的开发。丽江“束河古镇”是这一模式的主要代表。

束河古镇是纳西族较早的聚居地，是“茶马古道”上的一个重要驿站。早在明代，这里已是丽江的重要集镇。束河茶马古镇保护与发展项目是21世纪初丽江市政府招商引资的重点项目，该项目由古镇历史文化保护、旅游资源开发和配套设施建设三部分组成。

可以说，由政府、专家和社会各界的广泛关注所形成的无形监控环境，是这种模式下项目公司搞好文化遗产和文物保护与开发的压力和动力；同时，政府、企业和当地居民共赢理念的贯彻，是项目可持续发展和文化遗产在保护基础上加以科学利用的保障。

回顾过去，展望未来，历史城镇的旅游建设与发展，仍需要保护管理体制与机制的不断探索和创新。

本章小结

本章阐述了历史城镇旅游开发的概念及意义，引导我们正确认识历史城镇保护与旅游开发的关系，简要概述了我国历史城镇旅游发展的主要阶段和历史城镇旅游资源开发利用的主要方式，分析总结了云南历史城镇旅游发展的历程和典型案例，帮助我们进一步理解历史城镇旅游发展的内涵和云南面临的新要求。

思考题

1. 请简要阐述历史城镇旅游开发的基本概念。
2. 为什么说历史城镇在旅游开发过程中要坚持“保护为本”的原则？
3. 你认为当前云南历史城镇的旅游发展有哪些主要特征？又面临哪些挑战？

参考文献

[1] 杨桂华，陶犁.旅游资源与开发[M].昆明：云南大学出版社，2010.

[2] 文斌.历史文化名城旅游开发分析[J].桂林师范高等专科学校学报（综合版），2005，12.

[3] 马菁.以文化旅游为导向的历史城镇保护与利用研究[D].重庆大学，2008.

[4] 魏峰群.历史文化名城旅游开发研究[D].西北大学，2003.

[5] 李晓黎.论历史城镇旅游规划思想体系的构建[C].生态文明视角下的城乡规划——2008中国城市规划年会论文集，2008：4114-4121.

[6] 杨红.非遗与旅游融合的五大类型[J].原生态民族文化学刊，2020，12（01）：146-149.

[7] 云南省旅游局.云南省旅游发展情况介绍.https：//wenku.baidu.com/view.

[8] 熊明均，郭剑英.西部古镇旅游发展的现状及开发模式研究[J].西华大学学报（哲学社会科学版），2007（03）：75-78.

[9] 朱良文，王贺.丽江古城环境风貌保护整治手册[M].昆明：云南科技出版社，2009.

第四部分 —

案例研究

第九章
案例研究

本章内容重点：以世界文化遗产丽江古城的保护实践、历史文化名城通海的特色旅游商品街区保护规划及实施为例。针对丽江古城，阐述以保护技术为指导的历史文化风貌区的保护实践方法，从保护设计到保护性城市设计的实施策略转变，旨在变消极被动保护为积极主动保护；针对通海古城，提炼传统街区的保护与开发模式，包括以旅游为导向的开发，传统工匠培训、社区参与的以奖代补，多元实施主体参与的引入政策。

本章教学要求：熟悉历史文化名城保护规划的基本理论及其发展；熟悉历史文化名城保护规划编制要求、相关政策及法律条例；深入学习历史文化街区的保护规划方法，具体到调查研究、空间要素分析、开发模式制定、规划设计实施等工作流程内容。

9.1 丽江古城保护规划

丽江古城的保护成就为世界所公认[①]，保护丽江古城也成为普遍的社会共识。不仅要保护丽江古城的传统民居，也要保护其人文环境和自然山水，不断丰富丽江古城的保护范围，拓展保护理论和发展思路，重点通过

① 世界遗产委员会（1997）评价丽江古城“把经济和战略重地与崎岖的地势巧妙地融合在一起，真实、完善地保存和再现古朴的风貌；古城的建筑历经无数朝代的洗礼；丽江拥有古老的供水系统，这一系统纵横交错、精巧独特”。

城市设计的理念进行保护更新。

9.1.1 从保护设计到保护技术指导的研究综述

自1997年成为世界文化遗产之后，丽江在历史文化名城保护过程中，配套相应的法律、法规，是指导传统民居和环境风貌保护的必然要求。丽江制订了古城保护条例（2005），从城市设计角度探讨如何推动古城的保护与更新，古城的空间肌理、尺度、民居、街巷空间、风貌特色是城市设计研究关注的焦点（周凌，1997；陈六汀，2000；饶维纯，2005；和勇，2007），同时也是保护实践的难点。此外，在丽江开展的城市设计国际竞赛[①]，也推动了古城保护和新区建设（周俭等，2003；王蔚，2004；徐锋，2005）。

但是，无论是法律法规、保护条例，还是城市设计方案，即便规定了什么样的更新是不允许的，也很难说明究竟该如何更新。为进一步完善城市设计的管理和技术指导，针对参与更新主体构成的多元性，技术人员先行，制订了保护技术手册，以正误判断方式，简明、直观、生动地指出丽江古城传统民居和环境风貌特质，并通过地方规划管理等措施在古城居民中进行普及宣传，有助于推动古城传统民居和环境风貌保护（朱良文等，2006，2009）[②]（表9-1）。因此，技术手册完善了保护技术指导和管理相结合，在保护实践中起到了积极作用[③]。

---

① 2002年举办了“丽江城市发展概念规划”国际咨询，并形成了发展概念规划，加深了丽江保护与发展的总体认识。2004年举办了“玉龙新城核心区城市设计”的国际招标，城市设计导则对新城中心区、开放空间、景观绿化、公共设施以及部分项目起到了指引。

② 朱良文、肖晶主编《丽江古城传统民居保护维修手册》（2006）；朱良文、王贺主编《丽江古城环境风貌保护整治手册》（2009）。

③ 2008年召开的“中国文化遗产保护无锡论坛”以“乡土建筑保护”为主题，国家文物局局长单霁翔先生作了“乡土建筑保护刻不容缓，完善保护体制是关键”的报告，会上肯定了《丽江古城传统民居保护维修手册》，“用通俗易懂的图文说明，正确示例和错误示例的对比，形象地解答了丽江传统民居保护维修的常见技术问题，为当地群众和保护维修、管理人员提供了有力的帮助”。

丽江古城保护实践的相关法律、法规和城市设计指引　　表9-1

内容	古城传统民居保护	古城环境风貌保护
相关法律	《中华人民共和国文物保护法》(2002)	同左
配套法规	《保护世界文化和自然遗产公约》(1972) 《历史地区保护及当代作用建议案》(1976) 《历史文化名城保护规划编制要求》(1994) 《中华人民共和国文物保护法实施条例》(2003) 《云南省丽江古城保护条例》(2005)	同左
城市设计管理	《丽江古城传统民居保护维修手册》(2006)	《丽江古城环境风貌保护整治手册》(2009)
城市设计实施	(1)“应该如何，不应该如何”——解决施工具体技术中的“怎么做才对，怎么做不对”； (2)“学术性、专业化、系统性”——“实用性、通俗化、现实性”	(1)强调可操作性、现实性、高标准、力求便于普及； (2)从“保护设计”到“保护技术指导”

资料来源：程海帆，朱良文.古城的保护设计与保护技术指导[J].城市问题，2011(12).

9.1.2 从保护设计到保护技术指导的实践

在许多历史文化名城地区，随着经济生活水平的提高，传统民居内部的设施不能满足日益发展的现代生活需要，老百姓都在自发动手改造、翻修、扩建。丽江古城与其他地区一样，总是在不断发展，丽江的保护实践同样面临着这些现实的矛盾，即具有原真性、朴实性、生活性的丽江古城与旅游市场需求的矛盾、遗产保护原真性与现代生活需要之间的矛盾、文化的兼容性与异化的矛盾(朱良文，2009)。在维修、改建的过程中，出现了一些对原有环境、造型、尺度、装修的破坏与损害，这些问题并非完全出于有意，而是缺乏深刻了解所致。因此，虽然有法律法规、保护条例等文件告诉大家“应该怎么样，不应该怎么样”，但并没有解决技术上“怎么做才对，怎么做不对”的问题，并不能满足群众的建设需求。在操作过程中，由于缺乏指导保护实践的方法和途径，从而造成“主观为保护，客观造成破坏”的现象时有发生(朱良文，2006)。

为解决这些问题，丽江的城市设计管理者、专家、技术人员研究为先，主动告诉大家“应该如何，不应该如何”，以保护技术指导手册的形式，简明地普及到每家每户，更直观地发动主体参与者积极参与保护，变被动保护为主动保护，让管理者、参与者、施工者和设计者都做到有章可循、有据可依。技术手册从古城形态、古城景观、公共空间、节点空间、商业与休闲空间、市政设施、环境绿化等全面指引古城的保护实践（朱良文等，2006，2009；张佳夫，2007；王勃，2007；郭莉莉，2008；张建荣，2008），对古城及周边的山水格局、景观视廊从全局着眼，对古城的各类空间提出了保护和整治要求，对市政和绿化进行了规范，并对民居的更新和改造提供了设计导则（表9-2，图9-1—图9-3）。

丽江古城保护性城市设计的实施路径　　表9-2

项目	保护设计	保护技术指导	保护技术指导要素
古城形态	提出保护要点	严格保护古城形态、格局、水系	城市风貌、空间格局
古城景观	提出景观特质	严格保护景观的风貌特征	自然景观、人文景观、空间景观
公共空间	采取保护与整治	提出保护与整治要点	街巷、广场、公共活动中心
节点空间	采取保护与整治	提出保护与整治要点	节点、景点、标志
商业与休闲空间	采取保护与整治	提出保护与整治要点	商业与休闲空间
市政设施	避免风貌的影响和破坏	提出改进意见	环境设施、市政设施
环境绿化	提出环境绿化要点	提出保护要点和改进意见	绿化种植建设

资料来源：程海帆，朱良文.古城的保护设计与保护技术指导[J].城市问题，2011(12).

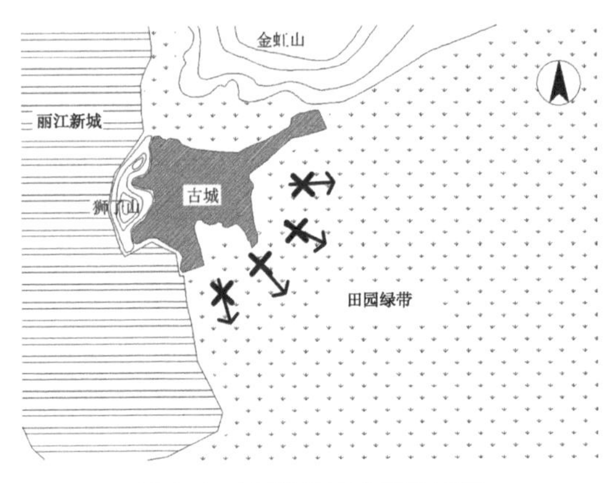

图9-1 古城整体形态保护示例

丽江古城始建于宋末元初，兴盛于明，后经兵燹、重建，至今已形成3.8平方千米、2.5万人口的规模。新城建设避开古城，才使古城保留完整，规模适当，防止古城本身向外"摊大饼"式的扩张，以失去古城原真的规模、格局，尤其严格控制古城向东、南发展

资料来源：《丽江古城环境风貌保护整治手册》

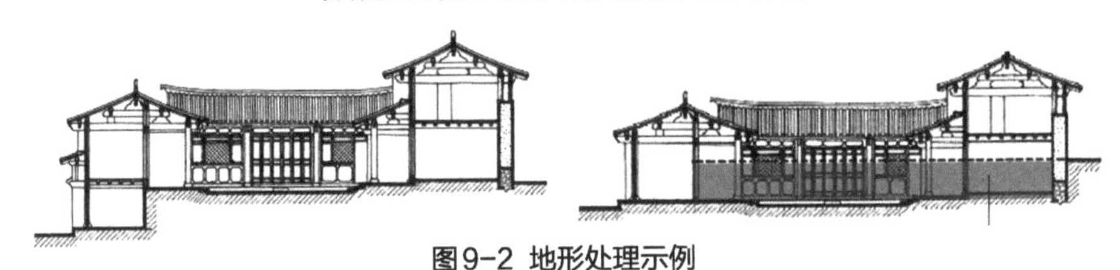

图9-2 地形处理示例

左图结合地势高低布置建筑在丽江古城常见；右图虚线部分为求平整而将土挖平的方式不可取

资料来源：朱良文，肖晶.丽江古城传统民居保护维修手册 [M].昆明：云南科技出版社，2006.

图9-3 体型组合示例

左图坡地上高低纵横，错落有致；右图坡地上不宜简单、通直地体型组合

资料来源：朱良文，肖晶.丽江古城传统民居保护维修手册 [M].昆明：云南科技出版社，2006.

9.2 通海古城特色旅游商品街区保护规划

9.2.1 调查研究

9.2.1.1 区位分析

通海古城特色旅游商品街区为历史文化名城通海古城的一部分，位于古城南侧，南邻秀山，因作为秀山旅游景区的前导空间区，故纳入保护规划范围。该街区原则上整体保护，其主体定位是特色旅游商品街区（图9-4、图9-5）。

9.2.1.2 建筑风貌调查分析

通海古城特色旅游商品街区的建筑风貌可以分为三类：风貌好的建筑及院落共有80处，约占街区建筑院落总体的四分之一；风貌尚好、需

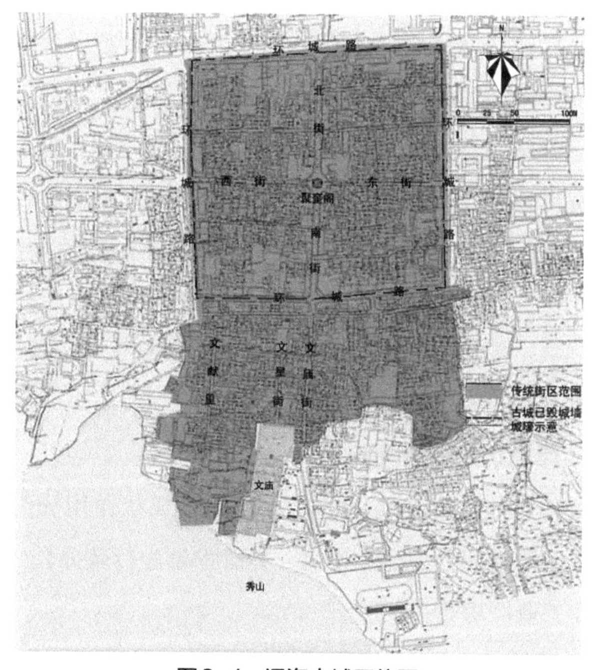

图9-4 通海古城区位图

资料来源：程海帆，朱良文.传统街区的保护与开发模式研究[J].小城镇建设，2011(05).

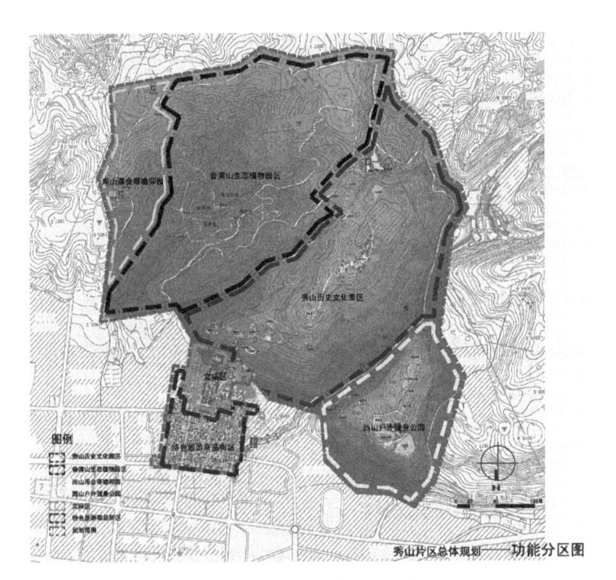

图9-5　特色旅游商品街区的功能分区结构

资料来源：程海帆.通海传统街区的保护与开发研究[D].昆明理工大学，2007.

要作一定改善的约80处，约占总体的四分之一；风貌差的基本上都是新建的“现代”多层建筑和少量的老房子，约占总体的二分之一。

9.2.1.3　建筑质量调查分析

通海古城特色旅游商品街区的建筑质量等级分为三类：质量好的大部分为新建建筑，或少数质量较好的传统建筑，共有约140个院落，占总体的二分之一；质量尚可的传统建筑与现代建筑共有约80个院落，占总体的四分之一；质量差的多数为传统建筑和旧房，也有少量的新建筑，共有约80个院落，占总体的四分之一。

9.2.1.4　建筑功能调查分析

通海古城特色旅游商品街区的建筑功能按现状使用分为六类：大部分为居住建筑，沿街部分为商业建筑，另有少量为行政办公、宗祠、文化教育建筑、轻工业厂房等。

9.2.1.5　建筑综合分析（图9-6）

通海古城特色旅游商品街区的建筑按以上质量和风貌进行综合评价，

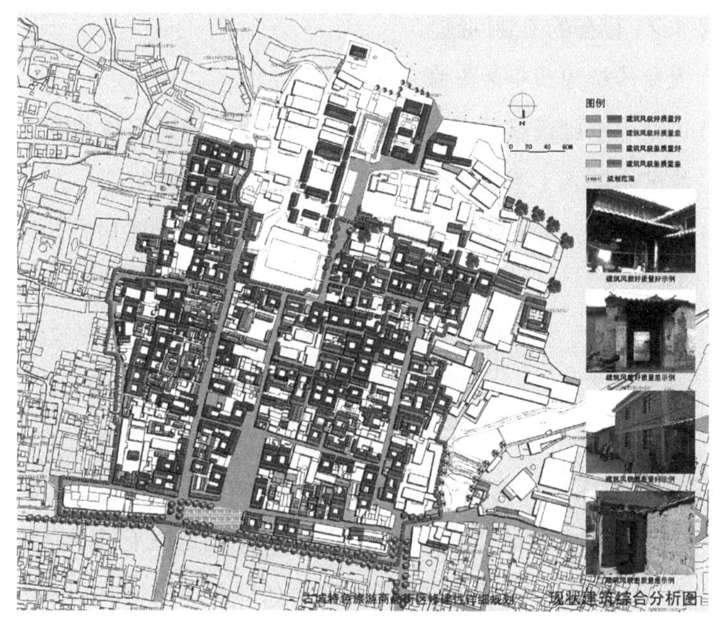

图9-6 现状建筑综合分析图

资料来源：程海帆.通海传统街区的保护与开发研究[D].昆明理工大学，2007.

可以分为四类：

风貌好、质量好：共60个院落左右，占总体的五分之一。规划设计中定为全面保护和保留，其中典型的传统建筑和民居列为挂牌重点保护建筑（参照文物保护要求确定保护措施）。

风貌好、质量差：共60个院落左右，占总体的五分之一。规划中按保持原有风貌、不改变院落特点的原则，进行维修、维护和改造。

风貌差、质量好：约占总体的五分之二。主要是新建建筑，对传统街区的风貌有很大的破坏性，规划中予以拆除后按传统风貌、现代结构重建、新建。

风貌差、质量差：约占五分之一。拆除后作为绿化和开发用地。

9.2.1.6 人口现状调查分析

通海古城特色旅游商品街区的现状人口过密，规划中将有计划地迁移居民，以改善居住环境并为旅游服务设施提供发展空间。

9.2.1.7 存在的主要问题

（1）大量传统建筑年久失修。

（2）道路等基础设施和生活环境不能满足当代居民的基本生活要求。

（3）片区内插入了不少现代建筑，破坏了街区的风貌。

（4）现有商业活动档次低，全片区仍然以居住为主要功能，而居住条件、环境均差。

（5）人口密度、建筑密度、容积率过高，绿地率、绿化率过低。

9.2.2 保护与开发的规划原则

坚持既整体保护传统街区，又充分利用。在保护的前提下开发成特色旅游产品，又以旅游的开发来强化保护。为此确定以下基本原则：

持久保护原则：按“真实性”的标准持久保护历史价值和信息，不保留废品。

持续发展原则：社会进步、经济发展和生活环境的改善是根本目标，进行旅游开发从根本上说是为了城市历史进步和发展的需要。赋予历史街区生命力，才能持久保护。

强化特色原则：本商业步行街区与一般城市步行商业街的不同之处在于，必须是特定的经营项目、经营方式、商品餐饮及文化产业，一般商业不得进入本历史街区。需深入分析发掘历史文化、民族文化的特色，扬长避短，全力充实和充分展现当地景观特色，并以其强化商业、文化产业、游览活动的特殊吸引力。

全力创造原则：在以上原则的基础上，从凸显历史价值、经营项目内容、环境营造以及游憩设施等方面力求情理之中的意料之外，使旅游具有高创作价值。

9.2.3 功能与街巷系统规划

拆除街区内部的多层建筑，腾出场地作为传统风貌商业广场、商住

建筑群及小型绿色休闲空间。选择一些完整典型的传统民居院落挂牌保护后，做原居民居住或民营专题博物馆。大量民居院落修缮、改造为商业服务与销售场所，将地方特色传统商品、旅游商品、传统手工艺作坊、古玩店、艺术品展销、茶饮、收藏展示茶吧、酒吧、棋院等安排其中。将较空的场地及较宽的街巷沿边或墙体打开改作门面，或加檐廊作商铺，以形成聚和气、利交谊的商业氛围。重视门面、招牌、灯光、柜台等的传统特色，鼓励现代商业广告与传统韵味相结合。充分利用院落内部空间，发挥内院环境特色的可创性，营造休闲性特色旅游的商业环境。

全街区均为步行交通，机动车道仅为新市场北端16米支路和稍加拓宽的准机动车道。步行街可临时兼作消防、急救通道的有文星街、文庙街、周家巷，以及东西向的文昌街、财神街、艾家巷。个别几处为保持传统建筑风貌，宽度控制在5米，基本满足传统街区内消防急救车辆通达。

所有街巷院落的建筑檐高控制在6.6米以下，为丰富街区轮廓和景观需要，个别可提高至9米。

9.2.4 街巷节点及重点地段

景观节点的重要作用是：更具有地方传统文化典型性；能引导旅游者，起到导向作用；成为历史街区中各个空间的标志；成为可休息、可滞留的场所。

景观节点应具备的要素是：建筑群体空间的特殊性；主体建筑形态的特殊性；有稍放宽的场地空间；有特殊的商业经营项目；有特有的建筑小品、招牌、标牌和说明；有孤植大树和小憩的设施。

以文星街、文庙街、周家巷、马家巷和文昌街作为重点街道，街道立面严格为地方传统形式，街巷交叉口均为重要空间节点，至少有一角应退出作为公共空间，力求孤植大树冠乔木，形成丰富生动、可赏可憩的街道景观。

重点处理的景观节点有：新市场步行街段特色旅游商品街主出入口，

规划较开敞的绿化广场，内置以古城为主题的石质雕塑；文昌街拆除电影院用地后，建一组旅游商品销售群体院落，局部为三层楼阁，与文庙大照壁互为对景。此外，还有文庙东、西牌坊的前区；“秀甲南滇”坊至秀山大门。

9.2.5 旅游功能布局与主游路线

9.2.5.1 旅游点分布与选择

具体分布在新市场步行街、文庙街、周家巷、文庙景区、文星街、文献里、马家巷沿线。以吃、住、购、娱为内容选点，沿线主要分布有入口标志、特产销售、古玩店、木雕、家庭旅馆、特色食品、特色民居、甜白酒、豆末糖、刀具等特产专卖、高档餐饮、民族服饰、手工艺品以及老年中心、青年沙龙、小型博物馆等。休闲、娱乐的口部临街巷，主体设置在院落内。

9.2.5.2 主游路线

东线从入口标志区出发，经文庙街，至周家巷，穿越文庙景区，至文星街，返主入口。

西线从入口标志区出发，经文献里，至马家巷，穿越南北向巷道至文献里南段，至文星街，返回入口。

两条路线可以合并成一条“8”字形主游路，以此串联各次要街巷。

9.2.6 传统建筑与风貌保护的技术要点

本历史街区风貌以传统市井气息为主格调。

所有临街建筑应为本地传统形式，内院可适当简化；重建建筑、临街巷的必须是本地木构架传统建筑；全历史街区不得出现“欧式”“匣式”建筑。

一应建筑的外露材料装修以木、石为主，一应油漆以栗色为主，禁用鲜艳色彩；所有构件不得使用不锈钢等闪光材料。

商店铺面的门窗适当使用大玻璃面，但需按传统纹理作适当的修饰；不得使用灰色不锈钢卷帘门。

所有招牌、标牌、铭牌、路牌均应为传统形式，材质不限；一应文字装修、陈设等必须体现历史文化名城的文化水平。

铺地以石材为主，求其古朴而不作刻意修饰。

建筑构件（柱础、门头、檐饰等）应严守本地做法；一应小品应平民化，求其朴实；充分注意保留相当部分的土坯墙。

一应高耸古建均作防雷设施。

有关保护细节应由城建部门制定技术条例，严格执行。

9.2.7 规划设计与开发模式

通海传统街区的保护与开发模式分为三类（图9-7—图9-9）：第一类为政府引导，企业实施开发。模式应用地块为文星街街区，2005年实行

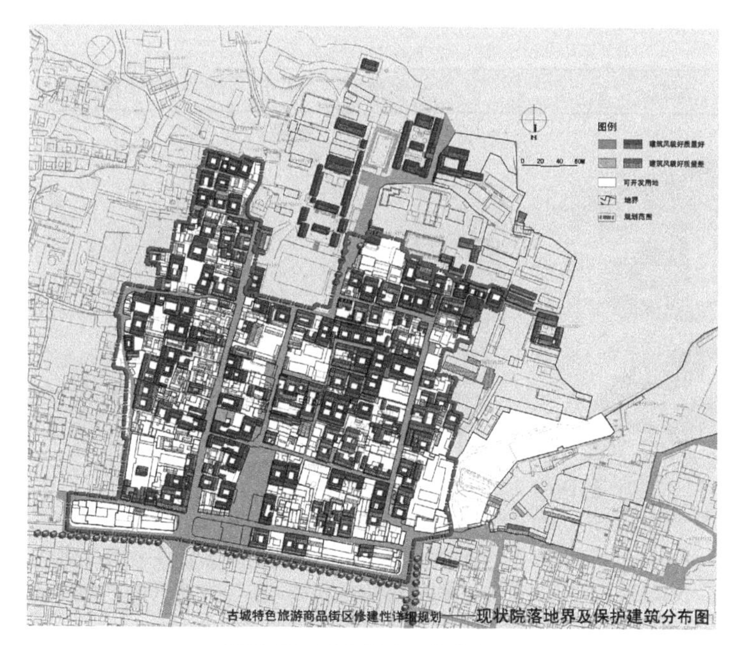

图9-7　现状保护建筑分布图

资料来源：程海帆.通海传统街区的保护与开发研究[D].昆明理工大学，2007.

第四部分　案例研究

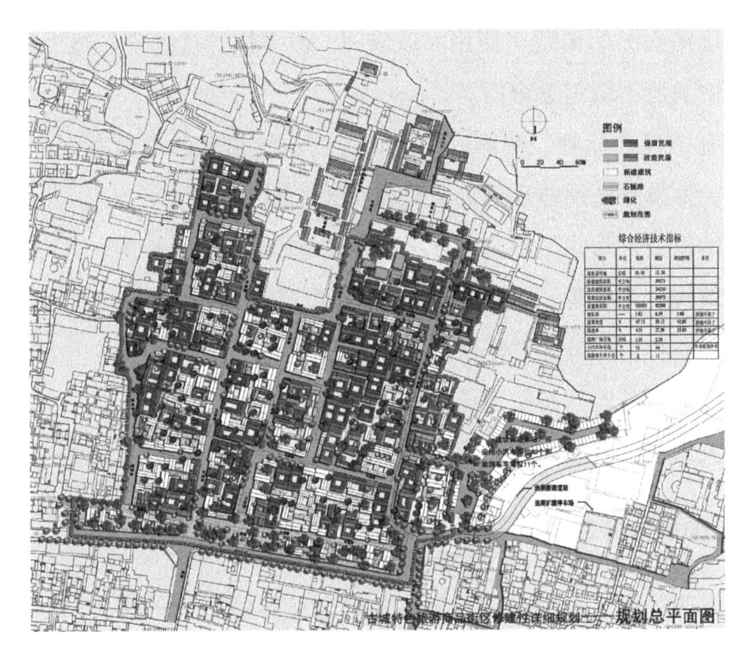

图9-8　规划总平面图

资料来源：程海帆.通海传统街区的保护与开发研究[D].昆明理工大学，2007.

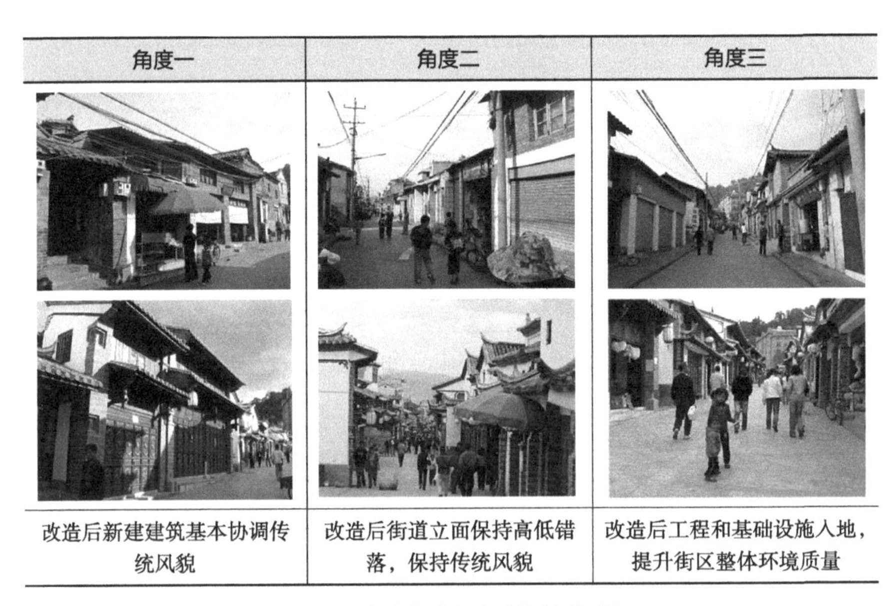

角度一	角度二	角度三
改造后新建建筑基本协调传统风貌	改造后街道立面保持高低错落，保持传统风貌	改造后工程和基础设施入地，提升街区整体环境质量

图9-9　文庙街多角度改造前后对比

资料来源：程海帆，朱良文.传统街区的保护与开发模式研究[J].小城镇建设，2011(05).

“招拍挂”方式出让，以期通过市场的导向作用，吸纳企业开发，加快街区更新步伐。企业通过兴建仿古商业街，对地块进行单一的投资回报率最大的开发模式，建成后街道虽整齐划一但千篇一律，丧失了历史街道的风貌特色。

第二类为政府主导，政府实施开发。模式应用地块为游客服务中心地块，该地块位于景区入口地段，原为行政单位宿舍楼和党校培训中心，后地方政府于2006年拆除宿舍楼，将党校培训中心作为园林宾馆进行改造，新建广场和园林绿地，并对周边传统民居进行维修和再利用，对其中一幢历史建筑进行修复利用，成为游客服务中心，整个地块由此实现功能和风貌形式的协调统一。

第三类为政府引导，居民自建开发。模式应用地块为文献里片区，该区域内传统民居、历史建筑丰富。在政府引导下，为改善居民生活和风貌协调性，拆除了破坏风貌的现代风格建筑，并改建传统民居，改建方法分为三种方式——单院新建、联院新建、多院成片新建。单院新建以院落为单元，明确产权关系，按产权确定每个院落地界，并将保留民居落实到每个院落。联院新建以院落为单元，嵌入地“织布开发”。多院成片新建是以院落为单位，遵循“有机规划”，从空间规模上、建筑组合上实现街区传统合院的肌理修补和形态延续。在实施上，地方政府投资60万元，拉动200余万元的民间资金参与改造，居民只需按照政府规划要求进行新建和改造，就可获得补贴。文献里片区“渐进式”的更新，通过政府引导，规划先行，调动居民参与，实现了传统“一颗印”院落式建筑群落，保护并改善了片区的功能与特色风貌。

三种开发建设模式均以保存街区的空间特色为目标，适应不同的投资规模和市场经济运作需要，其适宜地块及优缺点分析如表9-3所示。

不同开发模式的分析 表9-3

开发模式	地块特色	优点	缺点
政府引导，企业实施开发	传统商业街区	企业开发，政府投资较少，建设效率高	企业以高回报率为目标，对特色设计投资比例小，造成建设街区千篇一律，失去地方特色
政府主导，政府实施开发	重要历史建筑	政府负责全周期开发建设，有统一的指导原则，风貌协调度高	建设周期长
政府引导，居民自建开发	传统民居片区	政府引导居民参与，提升了社会参与度，调整方式灵活，最大程度上保留了特色风貌	调动统筹工作繁琐，容易出现居民落实不到位、意愿与规划目标不符合等情况

资料来源：程海帆.通海传统街区的保护与开发研究[D].昆明理工大学，2007.

本章小结

本章以云南丽江古城的民居保护与风貌整治为例，提出了保护性城市设计的运行机制，总结了一条从“保护设计”到“保护技术指导”的历史文化风貌区保护实施路径。丽江古城的城市设计实践，通过保护技术指导的方式，集中技术力量，在历史文化风貌区的保护与整治中做出了示范。以丽江古城的保护性城市设计为实例，提炼和总结出一套行之有效、具有一般意义的管理与技术指导，使民众有样可循、有例可依，以解决保护维修工作中的实际问题与困难，有助于变消极被动保护为积极主动保护，有助于推动历史文化风貌区的保护实践。

同时，以云南通海县古城旅游商品街区更新的详细规划及实施模式为例，分析了历史城镇保护更新的调查研究方法，编制了通海县古城旅游商品街区更新的详细规划，并对规划实施的模式进行探讨。具体步骤分为现状调查、规划原则确定、规划设计方案编制、开发模式制定。现状调查包括建筑分析和人口调查分析，其中建筑分析分为风貌调查分析、建筑质量调查分析、建筑功能调查分析，根据以上内容进行建筑综合评价；人口调查分析分为人口数量、密度、自然增长率、机械增长率等。规划原则依据上位规划和相关政策，提出持久保护、持续发展、强化特色、全力创造四项原则。规划设计方案包括功能与街巷系统规划、街巷节点及重点地段设计、旅游功能布局与主游路线规划、传统建筑与风貌保护设计。开发模式分别为单院新建、联院新建、多院成片新建。

思考题

请举例阐述历史城镇保护与更新规划与实施的主要内容和方法。

参考文献

[1] 程海帆，朱良文.传统街区的保护与开发模式研究[J].小城镇建设，2011(05).

[2] 程海帆，朱良文.古城的保护设计与保护技术指导[J].城市问题，2011(12).

[3] 周凌.丽江古城环境整治与建筑更新[J].云南工业大学学报，1997(09).

[4] 陈六汀.以水为魂的丽江古城[J].装饰，2000(06).

[5] 饶维纯.城市空间与景观的共享——昆明“金碧阳光”的设计理念与构想[J].重庆建筑，2003(10).

[6] 和勇.民族文化资源的保护与生态旅游产品的开发——以云南红河哈尼梯田为例[J].昆明大学学报，2006(06).

[7] 周俭，张松，王骏.保护中求发展 发展中守特色——世界遗产城市丽江发展概念规划要略[J].城市规划汇刊，2003(03).

[8] 王蔚.丽江玉龙纳西族自治县县城中心区概念性城市设计[J].建筑创作，2004(10).

[9] 徐峰.“传承历史 再造遗产”——丽江玉龙新城核心区城市设计招标组织概况简介[J].建筑创作，2005(05).

[10] 张佳夫.丽江古城滨水休闲空间研究[J].中国勘察设计，2009(01).

[11] 王勃.丽江古城商业空间与旅游热度研究[J].昆明理工大学，2007(05).

[12] 郭莉莉.丽江古城滨水休闲空间研究[J].昆明理工大学，2008(03).

[13] 魏峰群.对历史文化名城旅游开发的探索和思考[J].旅游科学，2006

(02)：30-34.
[14] 阮仪三，肖建莉.寻求遗产保护和旅游发展的“双赢”之路[J].城市规划，2003，27(6)：86-90.
[15] 陶伟，岑倩华.历史城镇旅游发展模式比较研究——威尼斯和丽江[J].城市规划，2006(05)：76-82.
[16] 庄立会，张碧星，暴向平等.丽江市城市地下水环境评价及可持续利用研究[J].环境科学导刊，2007(01)：76-79.
[17] 郭向阳，明庆忠，吴建丽等.云南省区域旅游空间结构演变研究[J].山地学报，2017，35(01)：78-84.
[18] 段松廷.从“丽江现象”到“丽江模式”[J].规划师，2002(06)：54-57.
[19] 董培海，施江义，姜太芹.西部县域旅游经济发展的路径选择研究——从“丽江模式”到“腾冲现象”[J].云南地理环境研究，2013，25(06)：58-63.
[20] 李倩，吴小根，汤澍.古镇旅游开发及其商业化现象初探[J].旅游学刊，2006，21(012)：52-57.
[21] 程海帆.通海传统街区的保护与开发研究[D].昆明理工大学，2007.
[22] 卢小琴.历史文化名城旅游开发研究[D].中南林学院，2005.
[23] 马菁.以文化旅游为导向的历史城镇保护与利用研究[D].重庆大学，2008.
[24] 朱良文，肖晶.丽江古城传统民居保护维修手册[M].昆明：云南科技出版社，2006.
[25] 朱良文，王贺.丽江古城环境风貌保护整治手册[M].昆明：云南科技出版社，2009.
[26] 程海帆，朱良文，顾奇伟.丽江古城建设控制区的保护性城市设计初探[C]//2010中国城市规划年会论文集.2018.
[27] 和仕勇.依循守旧护古维新——世界文化遗产可持续发展丽江古城案例[C]//中国长城博物馆，2012(03).
[28] 潘宇清，程炼.文化价值驱动下的丽江古城业态提升策略研究[C]//2018中国城市规划年会，2018.
[29] 城乡规划建设与旅游发展(同济大学博士生导师海南讲座)https：//wenku.baidu.com/view/2f9669c4aa00b52acfc7ca58.html.

[30] 科技论文比赛策划书https：//www.docin.com/p-2380809564.html.
[31] https：//www.docin.com/p-427742187.html.
[32] https：//wenku.baidu.com/view/21192f22854769eae009581b6bd97f192279bfa9.html?fr=search.
[33] https：//max.book118.com/html/2020/0921/8073110106003000.shtm.
[34] 产业园区调研提纲https：//www.docin.com/p-2085961278.html.
[35] 云南省旅游发展情况介绍https：//www.docin.com/p-1717412213.html.
[36] 丽江旅游发展规划说明书https：//www.jinchutou.com/p-134600929.html.
[37] 云南旅游发展现状与战略https：//www.docin.com/p-104432397.html.
[38] 历史文化名城的开发与保护https：//www.doc88.com/p-705593767187.html.
[39] https：//wenku.baidu.com/view/eb1438f048fe04a1b0717fd5360cba1aa8118c24.html?fr=search.
[40] https：//wenku.baidu.com/view/b747b8547cd184254b3535ae.html.
[41] https：//wenku.baidu.com/view/656af02277c66137ee06eff9aef8941ea76e4b97.html?fixfr=X3EC8v0zNvzivhG8p02WYA%253D%253D&fr=income1-search.
[42] https：//m.laosiji.com/thread/xz/950593.html.
[43] https：//baijiahao.baidu.com/s?id=1696165384768297233&wfr=spider&for=pc.
[44] htt：//culture.people.com.cn/n/2014/1011/c172318-25809046.html.
[45] https：//3g.163.com/news/article/6LH57UEQ00014AEE.html.
[46] http：//blog.sina.com.cn/s/blog_4b711d5f0100qwf8.html.
[47] https：//www.wenmi.com/article/pzzl7f03scf5.html.
[48] https：//www.yixuelunwen.com/biyelunwen/070958.html.
[49] http：//www.doc88.com/p-9505183623696.html.
[50] https：//baike.baidu.com/item/%E4%B8%BD%E6%B1%9F%E6%A8%A1%E5%BC%8F/17522205?fr=aladdin.
[51] https：//bbs.zhulong.com/102010_group_3000051/detail19013724/?louzhu=1.
[52] http：//blog.sina.com.cn/s/blog_48a464120102wy2l.html.